全家人的营养早餐周计划

李月英　编著

国家一级出版社　中国纺织出版社　全国百佳图书出版单位

图书在版编目（CIP）数据

全家人的营养早餐周计划 / 李月英编著 . -- 北京：中国纺织出版社，2019.12

ISBN 978-7-5180-6141-9

Ⅰ . ①全…　Ⅱ . ①李…　Ⅲ . ①食谱　Ⅳ . ① TS972.12

中国版本图书馆 CIP 数据核字（2019）第 077474 号

责任编辑：舒文慧　特约编辑：吕　倩　责任校对：韩雪丽
责任印制：王艳丽

中国纺织出版社出版发行
地址：北京市朝阳区百子湾东里 A407 号楼　邮政编码：100124
销售电话：010-67004422　传真：010-87155801
http://www.c-textilep.com
中国纺织出版社天猫旗舰店
官方微博 http://weibo.com/2119887771
天津千鹤文化传播有限公司印刷　各地新华书店经销
2019 年 12 月第 1 版第 1 次印刷
开本：710 × 1000　1/16　印张：12
字数：178 千字　定价：49.80 元

前言

台湾著名的生活美学家、畅销书作家蔡颖卿曾在一本书中写到：“如果一个人没有好好地吃，他必不能周全思考、好好去爱，也不能恬然入梦。”

我们强调早餐的重要，除了对于营养和健康的考量之外，每天为家人做早餐，一家人围在餐桌前一起吃早餐，这本身也是对家庭、对家人的一种尊重。

方便食品更是多种多样，外卖更是方便，只要我们动动手指，各种食物都能迅速来到我们面前。现在还有多少人能在家里亲手做一顿早餐，又有多少家庭能够围坐在一起吃顿早餐呢？

很多人会强调没时间，不知道吃什么或不知道怎么做，静下心来，看一看这本书，你会发现，原来早餐还可以这么吃，原来，最好的美味就在身边。一碗米饭除了做蛋炒饭，还可以做成日式饭团、韩式饭卷；一碗面能变化出多少张面孔，只要善于利用家中的食材，你就能做出各式各样的形式：炒面、拌面、汤面；两片吐司、一个面包，就能做出港式、西式三明治和汉堡包，还有各种省时省力的粥、汤、饮品，搭配各种主食，成就你一顿完美的早餐。每个周末，按照食谱提供的食材，准备好下一周所需，然后从周一开始，对照食谱为家人、为自己做一顿早餐，你会发现吃上一顿自己亲手做的早餐，一天都充满活力。每天认真做饭、吃饭，其实是对自己、对家人最大的尊重，一餐一饭中深藏着我们对生活真挚的爱意，也蕴含了我们日常生活中的不凡力量。就让我们回到厨房，回到餐桌，在早餐里重拾对生活的爱与关怀。

目　录 / CONTENTS

第1章
早起10分钟，用爱心为家人做早餐

第 2 章
中西式营养早餐

第3章
不同人群的营养早餐

第4章
亚健康人群的营养早餐

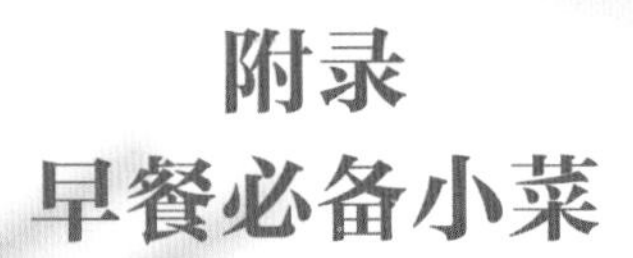

附录
早餐必备小菜

第1章

早起10分钟，用爱心为家人做早餐

早餐的重要性

近年来，随着人们健康理念的不断完善，对早餐重要性的认识也越来越深刻，更多的人开始重视吃早餐，并注重早餐的营养搭配。早餐在一天中有着不容忽视的作用，是人们每天工作、学习的能量来源和营养基础，也是一天食物多样化的重要组成部分。

不吃早餐的危害

早餐是一天中第一顿饭，也是最重要的一顿饭。长期不吃早餐，对身体的危害很大，因此要想身体健康，就应该从吃好早餐开始。

危害 1：影响大脑活动，易疲劳、迟钝

如果没有进食早饭，血糖不足以供人体消耗，便会感到倦怠、疲劳、无法集中注意力、精神不振、反应迟钝等。

危害 2：易患胃炎、胃溃疡等胃部疾病

经过了一夜的睡眠，人体内储存的葡萄糖已消耗殆尽，这时最需要补充能量与营养。如果夜间分泌的胃酸没有食物去中和，多余的胃酸就会刺激胃部的黏膜，导致胃部不适；如果直到中午才进食，胃长时间处于饥饿状态，会造成胃酸分泌过多，容易引起胃炎、胃溃疡等胃部疾病。

危害 3：易患胆结石

由于夜间胆囊储存了大量的胆汁，只有摄入食物才能刺激胆囊收缩，排出胆汁。如果不吃早饭，胆囊内的胆汁无法排出，就会产生沉积形成结石。

营养早餐应如何搭配

合理营养是人体健康的基础，平衡膳食则是实现合理营养的根本途径。《中国

居民膳食指南》也倡导平衡膳食，强调食物多样化的理念，书中关于食物多样性的指标建议为：谷类、薯类、杂豆类的食物品种数平均每天3种以上、每周5种以上；蔬菜、菌藻和水果类的食物品种数平均每天4种以上，每周10种以上；鱼、蛋、禽肉、畜肉类的食物品种数平均每天3种以上，每周5种以上；奶、大豆、坚果类的食物品种数平均每天2种以上，每周5种以上。

食物多样用种类来量化，建议为平均每天不重复的食物种类数达到12种以上，每周达到25种以上，烹调油和调味品不计算在内。按照一日三餐食物品种数的分配，早餐至少摄入4～5个食物品种，午餐摄入5～6个食物品种；晚餐4～5个食物品种；加上零食1～2个食物品种。

一顿合格的早餐要尽量做到每天早上吃以下3类食物。

第1类：富含淀粉类的食物，如面包、粥、面条、包子、煎饼等，也可以是土豆和红薯等根茎类的。

第2类：富含优质蛋白质的食物，如牛奶、豆浆、豆腐脑、豆腐干、鸡蛋、熟肉等。

第3类：富含纤维、维生素C和矿物质的食物，包括各种少油烹饪的蔬菜和新鲜水果，如凉拌小菜、蔬菜沙拉、水果沙拉等。

短时间内做一顿丰盛早餐的小技巧

早上的时间十分宝贵，如何能在短时间内做出一顿丰盛的早餐呢？有哪些省时、省力的小技巧呢？

鸡胸肉提前煮熟，冷藏备用

将鸡胸肉洗净放入冷水中，加入1大匙料酒。冷水小火起煮，待到水快开的时候，用筷子试试鸡胸肉中间的硬度，感觉不太软的时候就可以出锅了。

放凉后撕成丝，可以拌面、拌沙拉食用。

一次煮出两三条，放入冷冻室冷冻2～3天，吃之前取出自然解冻。

米堡怎么做

取适量热好的米饭放入广口容器中，用饭铲搅散、压碎，静置备用。

准备一个圆形的模具，在模具周围抹上少许食用油，再取米饭放入模具中将米饭压紧，扣在盘中。

平底锅烧热后抹一层薄油，将做好的米堡放入锅中，以小火慢煎至上色并使米堡定型即可。

面包加热小技巧

有时，我们买回来的切片吐司一次吃不完，要再次食用之前，可以先在吐司上喷洒少许水，再放入烤箱中烤，如此一来吐司的口感还是会和刚出炉的一样。

可颂面包、汉堡包等，在食用前可以先放入烤箱中烤 2 ～ 3 分钟，这样在涂抹酱料时也会更加入味，吃起来更美味。

买回来的面包如吐司或自制的贝果等，吃之前放入烤箱或电饭煲加热。烤箱预热上下火 150℃，加热 5 分钟，加热后的面包会更加美味。如果喜欢吃弹软的口感，可以将电饭煲加热后将面包放入，再关掉电源后焖一会儿。

早餐好搭档——方便、快捷的酱料

自制酱料

罗勒酱

材料：新鲜罗勒叶 250 克，松子 25 克，大蒜 3 粒。

做法： 将烤箱预热到约 160℃，将松子平铺在烤盘上，放入烤箱中层；烘焙 5 ～ 8 分钟，至松子表面金黄即可；新鲜罗勒叶清洗干净，控干表面水分；将烘烤过的松子放入搅拌器中，加入橄榄油；再放入切碎的大蒜和沥干的罗勒叶，将它们搅碎；放入适量的盐；搅拌均匀后放入干净无水的容器中密封保存即可。

罗勒酱最常见的吃法是拌意大利面，可以凉拌蝴蝶面、宽面或者和煮熟的细面一起炒，罗勒酱也可以用来涂抹面包等。

意大利面酱

材料： 牛肉末 250 克，番茄酱 200 克，洋葱 50 克，红酒 100 毫升，蔬菜高汤 300 毫升，甘牛至 1 大匙，橄榄油、盐、黑胡椒碎少许。

做法： 用橄榄油抹锅底后，放入牛肉末，中火炒香，倒入红酒，转小火，焖至红酒全部挥发，放入番茄酱和蔬菜高汤、盐。待水分收掉一半后，放入甘牛至、黑胡椒碎调味，装入保鲜瓶，放入冰箱冷藏保存，尽快食用。

传统沙拉酱

材料： 蛋黄 2 个，橄榄油 300 毫升，白醋 100 毫升，黄芥末酱 5 克，盐 3 克，白糖 10 克。

做法： 蛋黄中加入白糖、黄芥末酱，用打蛋器搅拌至乳白色后加入 100 毫升橄榄油搅拌至浓稠。加入 50 毫升白醋搅拌，加入 100 毫升橄榄油搅拌至浓稠，倒入其余 50 毫升白醋搅拌，再加入 100 毫升橄榄油搅拌至浓稠，加入盐搅拌均匀。

常备市售酱料

沙茶酱：沙茶酱是福建、广东省等地常见的一种混合型调味品。淡褐色，呈糊酱状，具有大蒜、洋葱、花生米等特殊的复合香味，虾米和生抽的复合鲜咸味，以及轻微的甜辣味。早餐可用沙茶酱拌面。

味噌酱：味噌酱的主要材料是白味噌酱和味淋。用海带、豆腐、蔬菜做汤时加入味噌酱，就是鲜美的味噌汤。

XO酱：XO酱是由火腿、干贝、洋葱、虾米、蚝油、辣椒等原料，经过数道工序熬制而成的。早餐可用其炒饭、炒面等，快速美味又有营养。

油醋汁：油醋汁是由橄榄油、醋、柠檬汁、洋葱等调制而成的西餐酱汁，适合拌各式沙拉。

黄芥末酱：黄芥末酱是由芥末粉、发酵醋、蛋黄、糖浆等调配而成的一种常见调味品，具有强烈的刺激性气味和清爽的味觉感受。将其淋在热狗、汉堡中食用非常方便、美味。

番茄沙司：番茄沙司是一种以番茄为主要原料，辅以大蒜、牛至、罗勒、洋葱、辣椒粉、橄榄油等为调味辅料的酱料。用于炒制意大利面、制作比萨等，也可以搭配各式蛋饼食用。

如何用半成品制作美味早餐

牛肉丸

煮面：水煮挂面或手擀面，将牛肉丸对半切开，放入锅中，面煮熟后放入时令蔬菜（油菜、小白菜、油麦菜、娃娃菜、茼蒿等），放入少许盐、生抽、香油调味即可。

炒饭：牛肉丸切粒，洋葱、番茄切粒，锅中放入少许油烧热，放入洋葱、番茄、牛肉丸粒翻炒均匀，放入剩米饭，炒匀，最后放入少许盐、葱花调味即可。

盖饭：牛肉丸对半切开，洋葱、番茄均切小块，放入锅中炒香，加入少许水盖盖煮两分钟，淋入米饭中拌匀即可。

煮萝卜汤：白萝卜切片，加入适量水，放入对半切开的牛肉丸，大火煮至白萝卜熟，下盐、香油、葱花调味即可。

日式蒲烧鳗鱼

鳗鱼饭：将蒲烧鳗鱼用微波炉加热切块，搭配米饭食用。

鳗鱼乌冬面：将蒲烧鳗鱼微波炉加热切块，搭配煮熟的乌冬面食用。

鳗鱼三明治：蒲烧鳗鱼加热切块，放入吐司中，再加入适量生菜、番茄片，做成三明治食用。

速冻馄饨（饺子）

韩式饺子（馄饨）汤：锅中放入适量水煮沸，放入大酱汤、洋葱、煮沸后放入肥牛片或牛里脊片，再放入速冻饺子（馄饨）煮至熟，放香油、葱花调味即可。

方便面汤：锅中放入适量水煮沸，放入速冻饺子（馄饨），煮沸，再放入方便面面饼、调料，中火煮沸，放入适量绿叶菜，煮沸即可。

蟹柳

海鲜乌冬面：锅中加水煮沸后放入乌冬面、蟹柳、虾仁煮熟，放入味噌调味，最后撒香菜碎或香葱碎。

第2章 中西式营养早餐

中式早餐搭配要点

优质蛋白质—— 一点肉、一个蛋

蛋白质是较好的能量来源，早餐吃一些富含蛋白质的食物，能够保证一天都精力充沛。蛋类与肉类富含优质蛋白质。蛋类中的蛋白质含量约为 13%，以鸡蛋为例，鸡蛋蛋白质的氨基酸比例很适合人体的生理需要，易被消化吸收，是理想的蛋白质来源。

肉类食品包括禽肉、畜肉、水产、动物内脏及其制品，也富含优质蛋白质，因其所含的八种必需氨基酸的含量和比例均接近人体需要，吸收利用率高。

多种维生素—— 一点蔬菜、一点水果

蔬菜和水果可提供人体必需的多种维生素和矿物质。早餐中新鲜蔬菜和水果的摄入量最好保证在 100 克以上。早餐中的蔬菜和水果可以使食物质量增加而热量不增加，这样餐后血糖升高缓慢而持久，同时蔬菜和水果中所含的膳食纤维能使胃肠道保持畅通。

丰富的矿物质—— 几粒坚果

矿物质和维生素一样，是人体必需的元素，矿物质是人体无法自身产生、合成的，必须由外界环境供给，在人体的新陈代谢过程中，每天都有一定数量的矿物质通过粪便、尿液、汗液等途径排出体外，因此必须通过饮食予以补充。

一周早餐搭配方案

周一早餐	中式大饭团 + 海带味噌汤
周二早餐	XO 酱炒面 + 白灼秋葵
周三早餐	鲜虾云吞面 + 酸辣木耳
周四早餐	虾仁蒸肠粉 + 香菇火腿粥
周五早餐	抱蛋煎饺 + 葱油莴笋
周六早餐	自制白馍 + 玉米萝卜汤
周日早餐	牛肉窝蛋饭 + 雪蟹裙带菜汤

一周早餐需要准备的食材

蔬果	萝卜干，秋葵，洋葱，胡萝卜，豌豆，菜薹，干木耳，辣椒，干香菇，莴笋，鲜香菇，玉米，白萝卜，芹菜，空心菜，胡萝卜
禽肉蛋	猪肉，鸡蛋，火腿，牛肉，大棒骨
海产品	虾仁，雪蟹肉，海带，裙带菜干
调料	味噌酱，XO 酱
乳制品、豆类	豆腐，牛奶
其他	肉松，熟花生碎，熟黑芝麻，酵母

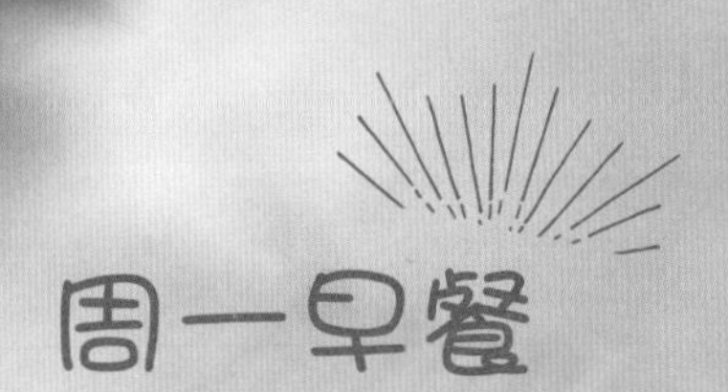

周一早餐

中式大饭团+海带味噌汤

省时妙招：

1. 糯米和大米提前一晚淘洗干净，放入电饭煲中加入适量水浸泡。
2. 自制卤蛋或提前购买。
3. 电饭煲提前预约煮饭程序。
4. 起床后先打开电饭煲散热，再切豆腐和海带，煮海带味噌汤。煮汤的同时，完成大饭团的制作。

中式大饭团

材料：大米 100 克，糯米 50 克，油条 1 根，卤蛋 1 个，萝卜干 30 克，肉松 20 克，熟花生碎、熟黑芝麻各适量。

做法：

❶ 糯米提前浸泡 2 小时以上，与大米一起蒸成米饭，水要略少于平时蒸饭的量。

❷ 萝卜干切碎，卤蛋切开成四瓣。

❸ 寿司卷帘放平，上面铺上一张保鲜膜，撒上适量熟黑芝麻。

❹ 盛适量温热的米饭到保鲜膜上，铺平，轻轻压实。

❺ 在米饭上撒上一层肉松、适量花生碎和一些萝卜干。

❻ 正中央放半根油条，紧挨着油条码上卤蛋。

❼ 从寿司卷帘的一头卷起，压紧，去掉卷帘，将两端的保鲜膜拧一下，食用时去掉保鲜膜即可。

好搭配，更加分

海带味噌汤

材料：豆腐 50 克，海带 30 克，香葱 2 根

调料：味噌酱 1 大匙。

做法：豆腐切块，海带提前泡软，切块；香葱洗净切碎。锅中放入适量水或高汤煮沸，加入豆腐块、海带块煮沸，加入味噌汤酱料继续煮 5 分钟，撒上香葱碎即可。

周二早餐

XO酱炒面+白灼秋葵

省时妙招：

前一天晚上把胡萝卜丁、洋葱丁分别切好，放入保鲜盒冷藏；虾仁处理干净，放入冰箱冷藏。

XO 酱炒面

材料：面条 100 克，洋葱丁 30 克，虾仁 6 只，胡萝卜丁 30 克，鲜豌豆 20 克，姜丝 10 克。

调料：XO 酱 1 大匙，拌面酱油 1 大匙，色拉油少许。

做法：

❶ 面条煮至八成熟，冲凉水，淋少许油拌匀备用。

❷ 锅中油烧热，放入姜丝、胡萝卜丁、洋葱丁、鲜豌豆炒匀，再放入虾仁炒至变色，放 XO 酱和拌面酱油，放入煮熟的面条，炒至面条上色，可不加盐，拌匀即可。

好搭配，更加分

白灼秋葵

材料：秋葵 200 克，朝天椒段适量，姜末 10 克。

调料：生抽 20 克，蚝油 10 克，香油 5 克。

做法：秋葵洗净，汆烫后过凉水，切除头部，放入盘中。淋生抽、蚝油、香油，放入朝天辣段、姜末拌匀即可。

周三早餐

鲜虾云吞面+酸辣木耳

省时妙招：

1. 云吞即馄饨，需提前包出冻在冰箱里，也可以买些速冻的备用。

2. 猪骨高汤前一天晚上煮好：大棒骨 1 根，姜 10 克，切片，水适量，大火煮沸转小火煮 1.5 小时即可。

3. 酸辣木耳提前做好，放入保鲜罐中冷藏，第二天早上吃更入味。

鲜虾云吞面

材料：虾仁200克，云吞皮20张，猪肉末250克，港式全蛋面100克，菜薹100克，猪骨高汤200毫升，姜末5克，香葱2棵（切成葱花）。

调料：生抽1大匙，料酒2小匙，白糖1小匙，盐少许，色拉油适量。

做法：

❶ 将50克虾仁剁碎拌入猪肉末，加入生抽、盐、白糖、料酒、油、姜末拌匀成馅。

❷ 包云吞时，每1个馅料内放入1个虾仁，如果虾仁较大，可将虾仁切段包入。

❸ 将包好的云吞下入沸水锅中，煮熟后捞出待用；锅中下入港式全蛋面，煮至将熟时放入菜薹，下盐调味。

❹ 与此同时，在另一锅中把猪骨高汤煮沸，将高汤倒入汤碗。

❺ 面煮熟后捞起倒入汤碗中，放入煮好的云吞、菜薹，撒葱花即可。

好搭配，更加分

酸辣木耳

材料：干木耳10克，葱丝20克，姜末5克，蒜末5克，干辣椒1个。

调料：香醋1大匙，生抽1大匙，盐少许。

做法：泡发的木耳洗净后放入沸水中煮3分钟，捞出后冲水，用手撕成小朵放入碗中，撒上葱丝、姜末、蒜末、盐和香醋。锅内放油烧至八成热，干辣椒掰成小块，炸至变色，迅速把热油淋在木耳上，拌匀即可。

周四早餐

虾仁蒸肠粉+香菇火腿粥

省时妙招：

提前一天晚上用温水泡好干香菇。再把大米淘洗干净，放入电饭煲，加入适量水，预约第二天煮粥的时间。第二天早上起床时粥已熟，再加入香菇丁和火腿丁继续煮约 10 分钟即可。

虾仁蒸肠粉

材料：拉肠专用粉100克，虾仁100克。

调料：生抽、盐、白糖、胡椒粉、香油、色拉油各适量。

做法：

❶ 拉肠专用粉加入少许盐和油，水200毫升制成肠粉浆。

❷ 虾仁加入部分生抽、糖、盐、胡椒粉、香油腌制。

❸ 剩余的生抽、糖、盐、胡椒粉以小火煮开后淋上香油，制成酱汁备用。

❹ 取一浅盘，直径约30厘米，盘底抹油放入蒸笼，舀一碗肠粉浆倒入盘中，厚度约0.3厘米，待稍微凝固后在1/4处排放虾仁，盖上盖子蒸5分钟。

❺ 取出盘子，用刮刀将肠粉卷起，盛盘切成适当大小，放入盘中淋上酱汁即可。

好搭配，更加分

香菇火腿粥

材料：大米100克，干香菇2朵，火腿片50克，葱花5克。

调料：盐、香油各少许。

做法：大米淘洗干净后放入电饭煲中，加入适量水，选择煮粥程序。将提前泡好的香菇去蒂，切丁；小奶锅中放入适量水，煮开后放入香菇丁，煮2分钟，再放入火腿片煮1分钟后取出，切小块。香菇丁、火腿片放入粥锅中搅拌均匀，再放入香油、葱花搅匀，略煮即可。

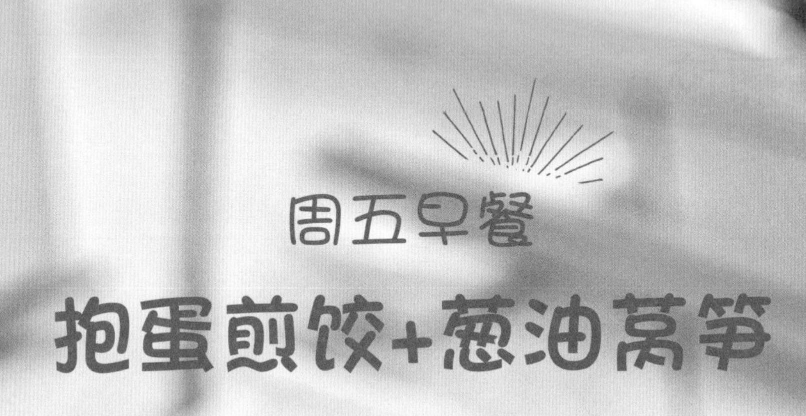

周五早餐

抱蛋煎饺+葱油莴笋

省时妙招：

如果使用的是速冻豌豆，需要提前一天晚上取出放入冷藏室解冻。葱油莴笋提前一天晚上做好，放入保鲜瓶中，第二天吃更入味。

抱蛋煎饺

材料：速冻水饺 30 个，鸡蛋 2 个，胡萝卜 1 根，豌豆 30 克，香葱、芝麻各适量。

调料：盐、黑胡椒、色拉油各适量。

做法：

❶ 胡萝卜洗净切丁加入鸡蛋中搅拌均匀；豌豆焯水煮熟备用，香葱切碎。

❷ 热锅凉油，中小火下水饺煎至底部金黄后加少许水焖 5 分钟。

❸ 从锅的中间倒入蛋液，撒上豌豆粒，小火煎至蛋液金黄，撒上盐、黑胡椒、葱花即可。

好搭配，更加分

葱油莴笋

材料：莴笋 200 克，葱花 5 克。

调料：盐、香油、花椒各适量。

做法：莴笋去皮洗净，切成长条；将莴笋条下入沸水锅中煮 1 分钟，捞出，沥干，放入盘中。油锅烧热，放入葱花、花椒爆香，加入盐、香油搅匀调成味汁，将味汁浇在莴笋条上即可。

周六早餐

自制白馍+玉米萝卜汤

省时妙招：

1. 白馍需提前一天晚上做好，第二天用烤箱加热 2～3 分钟或平底锅加热。

2. 平底锅加热白馍的方法是：把平底锅烧热后熄火，把白馍放入锅中，盖上盖焖 2～3 分钟。

自制白馍

材料：面粉 300 克，酵母 3 克，牛奶 195 克，盐 2 克，糖 10 克。

做法：

❶ 所有材料混合在一起，揉成光滑的面团，盖上保鲜膜发酵至两倍大。

❷ 取出面团，揉出气泡，擀成长方形，从上往下卷起，底边捏紧，分成八等份。

❸ 切面朝上，覆盖保鲜膜松弛 5 分钟，烤箱调至 180℃，烤盘预热。

❹ 将饼坯逐个擀圆擀薄（约 5 毫米厚）。

❺ 平底锅不用抹油，烧热后把饼坯放进去，两面各煎 1 分钟上色。

❻ 将饼坯逐个移入烤箱，上下火 180℃再烤 5 分钟。按压表面弹性很好即熟。

好搭配，更加分

玉米萝卜汤

材料：玉米 300 克，白萝卜 100 克，芹菜末 10 克。

调料：盐、香油各少许。

做法：玉米去须，洗净，切小段；白萝卜去皮，洗净，切滚刀块。把玉米段、白萝卜块放入锅中，加适量水煮至白萝卜熟软呈半透明状。加入芹菜末，盐、香油搅拌均匀即可。

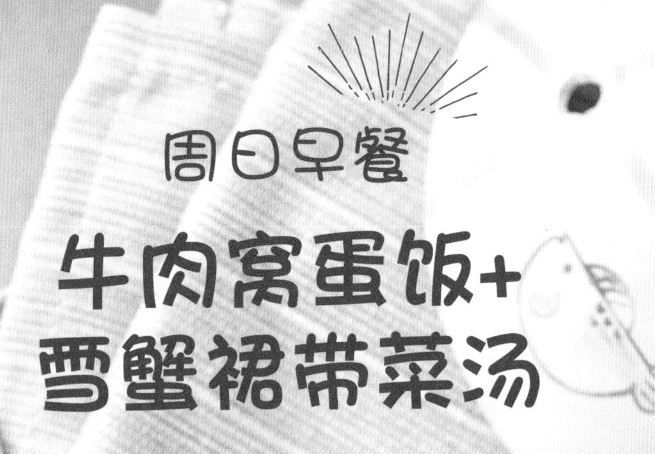

周日早餐

牛肉窝蛋饭+雪蟹裙带菜汤

牛肉窝蛋饭

材料： 牛肉 100 克，米饭 200 克，鲜香菇 50 克，空心菜杆 30 克，鸡蛋 1 个。

调料： 料酒 10 克，生抽 5 克，盐 2 克，水淀粉、香油、色拉油各适量。

做法：

❶ 将米饭放入砂锅中，加入适量清水与米饭持平，米饭中打入一个鸡蛋，盖上砂锅盖子小火焖煮。

❷ 牛肉切片，加入料酒、盐、水淀粉拌匀腌制 5 分钟，香菇切片备用。

❸ 炒锅放入少许油烧热，将牛肉片下锅迅速翻炒至变色，下入香菇片煸炒片刻后，加入盐和生抽调味盛出。

❹ 打开砂锅盖，在米饭上码上炒好的牛肉和香菇片，撒入适量空心菜杆，小火继续焖一会儿，待汤汁收干，鸡蛋凝固后熄火，滴入几滴香油即可。

好搭配，更加分

雪蟹裙带菜汤

材料： 雪蟹肉 70 克，裙带菜干 10 克，空心菜叶 50 克。

调料： 盐、香油各少许。

做法： 锅中加入适量水煮沸，放入雪蟹肉，中火煮沸后，放入裙带菜和空心菜叶，大火再次煮沸，加入盐、香油调味即可。

西式早餐搭配要点

面包 + 牛奶—— 补充身体所需的基本能量

西餐多以面包为主食，这符合早餐主食要以谷物为主的健康饮食原则。面包与牛奶搭配，使早餐中既包含了碳水化合物、蛋白质、脂肪三大营养物质，还有丰富的钙，保证了基本的能量供给。

牛奶中富含钙，是膳食中最容易被吸收的钙的来源。我国居民膳食中钙的摄入一直处于较低水平，《中国居民膳食指南（2016）》建议奶类的摄入量为每天 300 克。从营养健康的角度讲，不论性别和地域，我们每天都应该坚持食用奶和奶制品。早餐饮用一杯牛奶（200 ～ 250 毫升），午餐再加一杯酸奶（100 ～ 125 毫升），保证一天奶制品的摄入量。

需要注意的是，超重或肥胖者应选择饮用脱脂奶或低脂奶。乳饮料不是奶，不能代替牛奶饮用。

食材丰富—— 多元营养素齐全

西餐中常见的早餐食材有鸡蛋、肉类、花生酱等，这些食物富含蛋白质，弥补了中式早餐蛋白质不足的缺点。西式早餐还会使用生菜、番茄等，大大丰富了早餐的营养，在三大营养物质的基础上，还增加了矿物质、微量元素和维生素等。此外，黄瓜、萝卜、彩椒等适合生食的蔬菜可以添加在早餐中，补充纤维素，且清脆爽口，营养物质也不易被破坏。

水果—— 额外的甜点，终生好朋友

比较理想的早餐营养组成是蛋白质充分、低油、含碳水化合物，但糖分不要太多。进餐时吃含有水果的菜肴，或者作为餐后甜点少量食用都没有问题。但需要注意的是，如果用水果替代部分蔬菜，需要控制一餐中的总能量，因为水果比蔬菜能量高一些。

一周早餐搭配方案

周一早餐	松子虾仁罗勒意面 + 冷萃奶油摩卡
周二早餐	火腿士多 + 港式经典奶茶
周三早餐	墨西哥鸡肉卷 + 柠檬苏打水
周四早餐	焗烤肉丸三明治 + 青柠百香果茶
周五早餐	吐司口袋饼 + 柳橙山药沙拉
周六早餐	白酱意大利面 + 香蕉葡萄柚汁
周日早餐	焗烤全麦吐司 + 缤纷蛋沙拉

一周早餐需要准备的食材

蔬果	番茄，牛油果，生菜，黄甜椒，洋葱，青椒，柠檬，青柠，百香果，红甜椒，橙子，山药，秋葵，甜玉米粒，罗马生菜，圣女果，黄瓜，芦笋，香蕉，葡萄柚，胡萝卜，豌豆
禽肉蛋	火腿，奶酪，鸡蛋，鸡胸肉，香肠，培根，牛肉
水产	虾仁
调料	罗勒青酱，肉桂粉，米酒，日式酱油，沙拉酱，黑胡椒粉，海盐，意大利面酱，白胡椒粉
乳制品、豆类	牛奶，淡奶油，黄油，马苏里拉奶酪
其他	可可粉，咖啡，巧克力酱，肉桂粉，橄榄油，红茶包，苏打水，绿茶，蜂蜜，熟白芝麻

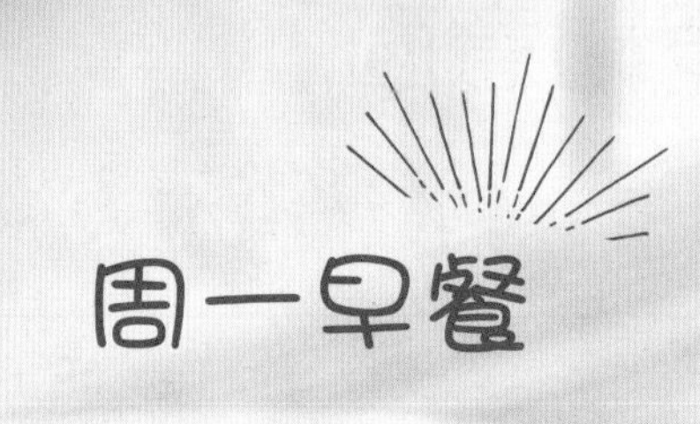

周一早餐

松子虾仁罗勒意面+冷萃奶油摩卡

省时妙招：

意大利面提前一天晚上用冷水浸泡或煮熟放凉，冷藏保存，可以缩短煮面的时间。虾仁也可以提前一天处理干净。

松子虾仁罗勒意面

材料：意大利面 100 克，虾仁 6 只。

调料：罗勒青酱适量，香油、橄榄油、盐各少许。

❶ 锅中加入适量水烧开，水中加少许橄榄油和盐。

❷ 放入意面煮约 8 分钟，以没有硬心为宜，盛出，冲凉水，沥干，装盘。

❸ 煮意面的锅里放入虾仁烫熟后捞出，冲水后沥干。

❹ 在意面上放几勺青酱拌匀，虾仁摆盘中即可。

❺ 淋上些香油口感更好。

好搭配，更加分

冷萃奶油摩卡

材料：可可粉 10 克，挂耳咖啡 1 包，巧克力酱少许，肉桂粉适量，喷射奶油适量。

做法：前一晚将挂耳咖啡包开封口，用小勺倒入可可粉。将挂耳咖啡包放入一只中号咖啡杯内，用冷开水冲泡，盖上盖子放入冰箱冷藏萃取。第二天将挂耳滤包取出，倒入容器，挤上奶油，表面淋少许巧克力酱，撒上肉桂粉即可。

周二早餐

火腿士多+港式经典奶茶

省时妙招：

先制作港式经典奶茶，把牛奶用微波炉或奶锅加热后冲入放有红茶包的杯中，再进行火腿士多的制作。火腿士多做好后，奶茶也浸泡到刚好入味。

火腿士多

材料：吐司 4 片，火腿 2 片，奶酪 2 片，鸡蛋 2 个，牛奶 15 毫升，色拉油少许。

做法：

❶ 将四片吐司切去四边，在一片吐司上放一片火腿，再放上一片奶酪。

❷ 接着再放一片火腿，盖上一片吐司，按此方法做好另一个。

❸ 鸡蛋加牛奶打匀，做好的吐司两面都在蛋液里轻轻蘸一下，四个侧面也蘸一下。

❹ 煎锅里倒少量油，放入蘸好蛋液的吐司，两面煎至金黄即可。

好搭配，更加分

港式经典奶茶

材料：红茶包 2 个，牛奶 250 毫升。

调料：盐少许。

做法：红茶包放入杯中，牛奶煮沸后趁热冲入杯中；茶包浸泡 2 ～ 3 分钟后取出，加入少许盐，搅拌均匀即可。

周三早餐

墨西哥鸡肉卷+柠檬苏打水

省时妙招：

提前一天晚上用生抽、胡椒粉腌制鸡胸肉，放入冰箱内冷藏。

墨西哥鸡肉卷

材料：市售速冻薄饼 2 张，鸡胸肉 1 块，奶酪 4 片，番茄 4 片，牛油果 1 个，生菜叶 2 片，彩椒丝少许。

调料：黑胡椒粉、海盐各适量，色拉油 1 汤匙。

做法：

❶ 鸡胸肉用生抽、黑胡椒粉腌制一晚，放入平底锅用色拉油煎至两面金黄，切成小块。

❷ 牛油果去核，果肉切条；生菜叶洗净，撕成块。

❸ 烤箱预热至 200℃。

❹ 将奶酪、鸡胸肉、番茄片、牛油果肉、生菜叶、彩椒丝铺在薄饼中间位置，将薄饼裹住所有食材卷起来，用锡纸包裹好封住两头。用同样的方法卷好另一张饼。

❺ 放入烤箱，上下火 200℃烤制 5 分钟即可。

好搭配，更加分

柠檬苏打水

材料：柠檬 2 片，苏打水 1 瓶。

做法：柠檬片放入杯中，倒入苏打水即可。

周四早餐

焗烤肉丸三明治+青柠百香果茶

省时妙招：

提前一天晚上洗净菠菜，沥干后放入保鲜袋冷藏，可以节省早上洗菜的时间。

焗烤肉丸三明治

材料：吐司 2 片，牛肉馅 100 克，洋葱 30 克，青椒 30 克，马苏里拉奶酪 65 克。

调料：意大利面酱，色拉油适量，盐、黄油、黑胡椒料各少许。

做法：

❶ 洋葱和青椒洗净，切成条。

❷ 牛肉馅分成 8 等份，做成 8 个丸子。

❸ 在烧热的平底锅中倒入 2 小勺油，放入肉丸后撒上盐和黑胡椒粉，中火边滚边煎 2～3 分钟至焦黄时关火，盛盘。

❹ 在平底锅中倒入 2 小勺油，放入洋葱和青椒条，撒上盐和黑胡椒粉，中火炒 2 分钟。

❺ 放入肉丸，倒入意大利面酱，继续用中火炒 2 分钟。

❻ 在每片吐司的一面抹上 1 小勺黄油，把肉丸和炒蔬菜放在一片面包上，再撒上马苏里拉奶酪，用另一片吐司盖住，压紧。

❼ 把三明治放入烧热的平底煎锅，开小火边按边煎，正反面各煎 3 分钟。

好搭配，更加分

青柠百香果茶

材料：青柠 3 个，百香果 2 个，纯净水 300 毫升，绿茶 5 克，蜂蜜适量。

做法：绿茶放入杯中，加入煮沸稍晾凉的纯净水，泡开晾凉。青柠洗净，切片，放入杯中；百香果剖开，取出里面的果肉倒入杯中。加入适量蜂蜜，倒入绿茶，搅拌均匀即可。

吐司口袋饼+柳橙山药沙拉

省时妙招：

提前一天晚上把鸡蛋从冰箱取出，常温放置，第二天炒制时口感会更好。

吐司口袋饼

材料： 吐司4片，鸡蛋2个，红甜椒丁30克，香肠丁30克，黄瓜丁30克，鲜奶1大匙。

调料： 盐、白胡椒粉各少许，色拉油适量。

做法：

❶ 鸡蛋打散，加入黄瓜丁、红甜椒丁、香肠丁、鲜奶加入盐和白胡椒粉混合拌匀。

❷ 平底锅烧热，倒入适量油，放入做法1的材料，以小火慢慢拌炒至蛋凝固成嫩滑状。

❸ 先取1片吐司做底，加入做法2的材料，再盖上第2片吐司。

❹ 用小碗盖在做法3的吐司上，用力压断，使其成紧实的圆形吐司即可。

❺ 用同样方法做好另一个。

好搭配，更加分

柳橙山药沙拉

材料： 橙子果肉50克，山药80克，秋葵丁20克，熟白芝麻少许。

调料： 米酒2大匙，日式酱油1小匙，香油少许，醋适量。

做法： 将秋葵丁和山药丁下入沸水中焯水，取出后泡入冷水中，再沥干。将橙子果肉、山药丁、秋葵丁盛盘，所有调料调匀成日式和风酱，淋入盘中，撒上熟白芝麻即可。

周六早餐

白酱意大利面+香蕉葡萄柚汁

省时妙招：

提前一天晚上将意大利面用水浸泡至软或提前煮熟放凉，冷藏保存，可以节省煮面的时间。

白酱意大利面

材料：意大利面 100 克，培根 50 克，虾仁 50 克，蒜 1 瓣，芦笋 5 根。

调料：牛奶 50 克，淡奶油 30 克，黑胡椒粉、盐、橄榄油各少许。

做法：

❶ 将意大利面放入锅中加水煮熟，水中淋少许油，撒少许盐，煮熟后过凉水备用；将芦笋下入煮面的沸水中煮 2 分钟后盛出，切段备用。

❷ 培根切丝，虾仁处理干净，蒜切片。

❸ 锅中放入橄榄油（或黄油）烧热，下蒜片炒香，再放入培根、虾仁炒至虾仁变色，倒入牛奶、淡奶油，炒匀煮沸。

❹ 放入煮好的意大利面，翻炒均匀，煮 1 ～ 2 分钟，撒黑胡椒粉、盐调味即可。

❺ 盘中摆放煮好的芦笋，将炒好的意大利面盛入盘中即可。

好搭配，更加分

香蕉葡萄柚汁

材料：香蕉 2 根，葡萄柚 1 个，纯净水 100 毫升。

做法：香蕉去皮切小块，葡萄柚去皮切小块，一同放入榨汁机中，倒入纯净水后，启动榨汁程序，榨好后倒入杯中即可。

周日早餐

焗烤全麦吐司+缤纷蛋沙拉

省时妙招：

吃剩下的面包都可以重新“回炉再造”，加上杂蔬和奶酪再次烘烤，味道更加鲜美。

焗烤全麦吐司

材料：全麦吐司 200 克，火腿丁、胡萝卜丁、甜玉米粒、豌豆各 30 克，鸡蛋 1 个，牛奶 100 克。

调料：盐少许，马苏里拉奶酪碎适量。

做法：

❶ 将鸡蛋打散加入牛奶、盐搅拌均匀；将胡萝卜丁、甜玉米粒、豌豆焯水后控干。

❷ 烤箱预热至 180℃。

❸ 将吐司切成小块放入纸杯中，再撒上火腿丁、焯过的杂蔬、奶酪碎，淋入蛋液。

❹ 把纸杯放入烤箱中，上下火 180℃，烤 8 分钟即可。

好搭配，更加分

缤纷蛋沙拉

材料：白煮蛋 2 个，罗马生菜 2 棵，小黄瓜 1 根，圣女果 5 颗，红甜椒 20 克。

调料：橄榄油少许，黑胡椒碎少许。

做法：白煮蛋去壳对半切开，挖出蛋黄，蛋白切小块。锅中加入橄榄油，放入蛋黄炒香，撒上黑胡椒碎。罗马生菜洗净切小段；小黄瓜洗净切片；圣女果洗净对切；红甜椒洗净切丁。将以上材料和蛋白丁放入容器中拌匀，再撒上炒好的蛋黄即可。

第3章

不同人群的营养早餐

三口之家的早餐搭配要点

照顾全家人的营养需求

现代都市家庭很多是三口或四口之家，这样的家庭在准备和设计早餐时要照顾到全家人的营养需求。中青年人要考虑到工作强度的大小、工作时间的长短及工作性质；儿童和青少年要根据其生长发育的阶段特点和学习的强度合理安排。

① 优质蛋白质：鸡蛋、牛奶、鸡胸肉、火腿、牛肉、三文鱼、花生酱等，都是优质蛋白质的良好来源。

② 蔬菜、水果巧搭配：可以选择一些当季的、易于加工食用的蔬菜和水果，搭配食用，为家人提供充足的维生素和人体所需的矿物质。

③ 少量坚果：开心果、腰果、核桃、松子、栗子等营养丰富，蛋白质、油脂、矿物质、维生素含量较高，且富含不饱和脂肪酸，可以促进生长发育、增强体质、预防疾病。

保证摄入足够的 B 族维生素

B 族维生素包括维生素 B_1、维生素 B_2、维生素 B_6、维生素 B_{12}、烟酸、泛酸、叶酸等，是把糖、脂肪、蛋白质等转化成热量时不可缺少的物质。

一周 7 天灵活搭配

一家三口的早餐既要有营养，又要有新意，灵活搭配，在色、香、味、形方面照顾到全家人的需求，促进食欲，提高进食兴趣，让早餐成为一种享受。

一周早餐搭配方案

周一早餐	椒盐奶酪烤馒头 + 芙蓉蛋汤
周二早餐	咖喱羊肉卷饼 + 油菜大米粥
周三早餐	茄子肉酱盖饭 + 白灼芥蓝
周四早餐	腊肠芹菜炒面 + 白菜椒香蛋汤
周五早餐	排骨大包 + 玉米糁粥
周六早餐	健康油条 + 南瓜红枣甜汤
周日早餐	芝麻小烧饼 + 黄瓜虾仁蛋汤

一周早餐需要准备的食材

蔬果	甜玉米粒，青椒，红椒，鲜香菇，胡萝卜，菠菜，茄子，芥蓝，芹菜，白菜心，洋葱，速冻杂蔬，生菜，油菜，豆角，南瓜，红枣，莲子，黄瓜
禽肉蛋	培根，鸡蛋，鸡胸肉，猪肉，牛肉，腊肠，羊肉，猪肋排
海产品	虾仁
调料	椒盐，椒麻油，咖喱粉
其他	干酵母，红薯粉条，泡打粉，小苏打
乳制品、豆类	马苏里拉奶酪碎

周一早餐

椒盐奶酪烤馒头+芙蓉蛋汤

省时妙招:

提前一天晚上将鲜香菇、胡萝卜、菠菜分别洗净，沥干水，放入保鲜袋冷藏，可以节省早上洗菜的时间。

椒盐奶酪烤馒头

材料： 馒头2个，培根2片，甜玉米粒30克，虾仁3～4只，青椒、红椒各半个，蛋黄1个，马苏里拉奶酪碎适量。

调料： 椒盐适量，芝麻少许。

做法：

❶ 培根切丁；虾仁切碎；青椒、红椒洗净，切粒，备用。

❷ 将馒头呈网状横竖各切三刀，不要切断。

❸ 烤箱预热至180℃。

❹ 在馒头缝隙内放入培根块、马苏里拉奶酪碎、虾仁碎、甜玉米粒、青椒粒、红椒粒。

❺ 蛋黄打散，在馒头上刷一层蛋液，撒上椒盐、芝麻。

❻ 放入烤箱，上下火约180℃烤5分钟。

好搭配，更加分

芙蓉蛋汤

材料： 鲜香菇4朵，胡萝卜半根，鸡蛋1个，菠菜100克。

调料： 盐、香油、色拉油各少许。

做法： 鲜香菇切片；胡萝卜切片；菠菜切段；鸡蛋打散，搅拌均匀。锅中放少量油烧热，下入胡萝卜片和香菇片炒软，加入适量水，大火煮沸后加入菠菜。再次煮沸时倒入蛋液煮至蛋花成形，加盐和香油调味即可。

周二早餐

咖喱羊肉卷饼+油菜大米粥

省时妙招：

提前腌制羊肉片。前一天晚上将 80 克大米放入粥锅中预约第 2 天煮粥的时间。

咖喱羊肉卷饼

材料：市售饼皮4张，羊肉片100克，洋葱丝20克，蒜末、姜末各5克，生菜2片，速冻杂蔬30克。

调料：咖喱粉、白糖各2大匙，蛋清1个，料酒4大匙，盐少许，淀粉1大匙，色拉油适量。

做法：

❶ 先将羊肉片加入适量咖喱粉、盐、1勺料酒、1勺白糖、蛋清、淀粉抓匀，腌制5分钟备用。

❷ 锅烧热倒入2大匙油，将羊肉片下锅炒散，至表面变白捞出沥干。

❸ 锅底留油，爆香洋葱丝、蒜末、姜末，加入速冻杂蔬及羊肉片翻炒。

❹ 加入剩余的盐、白糖、料酒炒至汤汁收干。

❺ 用饼皮卷上生菜及做好的羊肉片即可。

好搭配，更加分

油菜大米粥

材料：油菜100克，大米80克。

调料：盐少许。

做法：前一天晚上洗净大米，放入电饭煲中加入适量水，选择煮粥程序，预约第二天煮粥的时间。早上将油菜切粒，放入煮好的粥锅中，加入盐调味，搅拌均匀即可。

周三早餐

茄子肉酱盖饭+白灼芥蓝

省时妙招：

提前一天晚上将猪肉馅用生抽和花椒粉拌好，腌制一晚，第二天更入味。

茄子肉酱盖饭

材料：猪肉馅 100 克，剩米饭 150 克，茄子 200 克，葱末、姜末、蒜末各 5 克。

调料：生抽 1 大匙，糖 1 茶匙，料酒 1 茶匙，醋 1 茶匙，花椒粉、盐各少许，色拉油适量。

做法：

❶ 猪肉馅用生抽、料酒、花椒粉抓匀，腌制 5 分钟；茄子洗净，去皮，切丁。

❷ 锅中油烧热放入猪肉馅炒至变色后盛出。

❸ 锅中底油爆香葱末、姜末、蒜末，放入白糖、醋，放入茄丁翻炒均匀，再放入做法 2 的猪肉馅，炒匀，加入盐调味。

❹ 倒在加热好的米饭上即可。

好搭配，更加分

白灼芥蓝

材料：芥蓝 250 克，蒜 5 瓣。

调料：生抽 15 克，盐、色拉油各适量。

做法：芥蓝去除老根洗净，蒜切末。锅中放入适量水，加入少许盐和几滴食用油大火煮开，将芥蓝下入沸水锅中煮 2 分钟后取出，过凉水后放入盘中，加入蒜末、生抽。锅中加入少量油，加热至冒烟，将热油淋在盘中即可。

周四早餐

腊肠芹菜炒面+白菜椒香蛋汤

省时妙招：

煮面的同时，洗净芹菜，处理好腊肠。芹菜也可以换成洋葱、甜椒等。

腊肠芹菜炒面

材料： 面条 100 克，腊肠 1 根，芹菜 200 克，姜丝 5 克。

调料： 生抽 1 大匙，盐少许（可不加），色拉油适量。

做法：

❶ 面条煮至八成熟，过水，沥干，备用。

❷ 芹菜洗净，切丝；腊肠切斜片。

❸ 锅中加少量油烧热，炒香姜丝，放入腊肠炒片刻，放入芹菜迅速翻炒。

❹ 放入煮熟的面条，淋生抽迅速滑散，加入盐调味即可。

好搭配，更加分

白菜椒香蛋汤

材料： 白菜心 150 克，鸡蛋 1 个，姜丝 5 克。

调料： 盐少许，椒麻油少许，纯净水适量。

做法： 白菜心洗净，撕成小块；鸡蛋打散，备用。锅中加入适量水，放入姜丝煮沸，倒入白菜心，大火煮沸后淋入蛋液至凝固成蛋花，撒盐、淋椒麻油搅拌均匀即可。

周五早餐

排骨大包+玉米糁粥

省时妙招：

排骨大包需按做法在前一天晚上做好，第二天早上加热食用。

排骨大包

材料： 包子皮：面粉 400 克，酵母粉 6 克，水 200 克。

馅料： 猪肋排 250 克，豆角 500 克，洋葱（小）1 个，红薯粉条 50 克，葱花、姜末各适量。

调料： 面酱 2 大匙，老抽 2 茶匙，生抽 2 汤匙，糖 1/2 茶匙，盐 1 茶匙，香油 1 汤匙，色拉油适量。

做法：

❶ 将排骨剁成小块，清洗干净后沥干；粉条提前泡软；洋葱、豆角切小丁。

❷ 将面酱、老抽、生抽、糖、盐混合均匀待用。

❸ 锅中放入适量油把洋葱炒至微黄，倒入姜末和排骨块，大火翻炒。

❹ 排骨表面微金黄后，倒入豆角丁，翻炒 1 分钟，倒入做法❷的酱汁，盛出待用。

❺ 将粉条剪成 1.5 厘米的小段，和葱花、香油一起拌入做法❹中。

❻ 取出发酵好的面团，揉匀，分成 10 等份，擀皮，包馅。

❼ 全部包好后，饧发 30 分钟。开水上锅，大火蒸 10 分钟即可。

好搭配，更加分

玉米糁粥

材料： 玉米糁 100 克，冰糖 10 克。

做法： 玉米糁淘洗干净，放入电饭煲中，加入适量水，选择煮粥程序，预约煮粥时间，粥将熟时放入冰糖煮至融化即可。

周六早餐

健康油条+南瓜红枣甜汤

省时妙招：

健康油条做起来比较麻烦，用时也很多，如果是周末或时间充裕，可以尝试一下。

健康油条

材料： 面粉 300 克，酵母粉 5 克，泡打粉 2 克，小苏打 1 克。

调料： 盐 2 克，色拉油 10 毫升。

做法：

❶ 将面粉、盐、活性干酵母和泡打粉混合均匀，加适量水揉成光滑的面团。

❷ 盖上保鲜膜，室温发酵至体积两倍大，手指按下不回缩。

❸ 手掌蘸色拉油，揉捏面团，直到将 10 毫升的油全部揉进面团中。

❹ 盖上保鲜膜继续发酵 20 分钟。

❺ 小苏打用少量水化开，手握拳，用手背蘸苏打水，一点点揉进面团中。

❻ 继续盖上保鲜膜发酵 2 ～ 3 小时，完成发酵后，油条面团就做好了。

❼ 将面团擀成 0.5 厘米厚的片，用刀切成 2 指宽、1 指长的条。

❽ 取两条面皮，叠在一起，用筷子在中间压出一个印。

❾ 锅中倒入半锅油（用量外），油温烧至七成热，将油条坯拉长，轻轻放入锅中。

❿ 炸制过程中要不停翻动油条，直到油条膨胀起来，且两面金黄即可。

好搭配，更加分

南瓜红枣甜汤

材料： 南瓜 200 克，糯米 20 克，莲子 10 克，红枣 5 个，冰糖适量。

做法： 莲子、糯米、红枣分别洗净，浸泡；南瓜去皮去籽切块。将所有食材放入电饭煲内，加入适量清水，选择煮粥程序，预约完成的时间。食用时可加适量冰糖。

周日早餐

芝麻小烧饼+黄瓜虾仁蛋汤

省时妙招：

芝麻小烧饼是操作较复杂，也比较费时的一道面食，所以也可以在周末制作。

芝麻小烧饼

油皮用料： 低筋面粉 110 克，白糖 8 克，色拉油 38 克，水 50 克，盐 1.5 克。

油酥用料： 低筋面粉 75 克，色拉油 33 克。

调料： 葱花、白糖、熟白芝麻各适量，鸡蛋 1 个。

做法：

❶ 油皮用料和油酥用料分别放在盆里，分别揉成团。油皮要揉光滑，能出膜；油酥要求面粉和食用油充分拌匀至细腻，盖保鲜膜饧发 30 分钟。

❷ 把油皮、油酥分别揪成 10 个小剂子，用油皮包住油酥。

❸ 包完后，每份依次擀长，从下往上卷起来。

❹ 所有的都操作完之后盖保鲜膜饧 10 分钟，饧好后将每个面团再次擀长、卷起、再盖保鲜膜饧发 30 分钟。

❺ 取一份擀长，撒葱花和盐。从下方 1/3 处往上折，再从上方 1/3 处向下折，擀成长方形放入烤盘中。

❻ 表面刷一层薄全蛋液，均匀地撒满熟白芝麻并按一按。

❼ 放入预热好的烤箱中，上下火 200℃烤 15 分钟左右。

好搭配，更加分

黄瓜虾仁蛋汤

材料： 黄瓜 100 克，鸡蛋 1 个，虾仁适量。

做法： 虾仁去虾线；黄瓜洗净，切片；鸡蛋打散搅拌均匀。锅中加入适量水煮沸，放入虾仁煮至变色，再次大火煮沸后淋入蛋液至凝固成蛋花，放入切好的黄瓜片，加入盐、香油调味熄火即可。

孩子的早餐搭配要点

补充蛋白质要适量

儿童、青少年正处于身体发育阶段，一天的学习又很紧张，因此，很多家长都会给孩子准备高热量、高蛋白的食物，但给消化系统带来压力最大的也是富含蛋白质和脂肪的食物。人在集中精力思考的时候，或者精神压力巨大的时候，植物性神经功能会受到压抑，消化道的血液供应也会减少，消化吸收功能就可能会受到影响。因此，对于学习紧张的儿童和青少年来说，早餐应添加一些清淡简单的食物，避免过多食用脂肪、蛋白含量过高的食物，以免加重消化系统的负担。

适当补充磷脂

大脑活动所需的营养成分中，以水溶性维生素和磷脂最为重要。磷脂是与记忆有关的神经递质乙酰胆碱的合成原料，在蛋黄、大豆中含量最为丰富。

多吃钙质丰富的食物

处于生长发育期的孩子，代谢旺盛，体内钙的水平会直接影响大脑骨骼、牙齿及神经系统的发育，因此，需要从饮食中摄取足够的钙。

尽量预留充足的早餐时间

很多孩子起床晚，没有充足的时间吃早餐，有的匆忙吃几口，有的索性不吃了或路上买着吃，大家都知道早餐的重要性，长期吃不好早餐，容易影响生长发育，因此孩子应养成好的早餐习惯，从容地吃好每天的早餐。

一周早餐搭配方案

周一早餐	喷香肉龙 + 小米绿豆粥
周二早餐	蔬果饭团 + 荸荠白萝卜粥
周三早餐	芒果鲜虾吐司 + 南瓜番茄疙瘩汤
周四早餐	奶酪煎蛋卷 + 橙香酸奶
周五早餐	肉松玉米蛋饼 + 春雨沙拉
周六早餐	香脆田园汉堡 + 葡萄哈密瓜奶
周日早餐	肉丸奶酪焗饭 + 水果酸奶沙拉

一周早餐需要准备的食材

蔬果	番茄，芒果，香芹，南瓜，香葱，生菜，甜玉米粒，黄瓜，木耳，豌豆，胡萝卜，洋葱，哈密瓜，荸荠，白萝卜，杏仁，橙子，葡萄，猕猴桃，香蕉，圣女果
禽肉蛋	鸡蛋，肉松，火腿，猪肉，香肠，鸡胸肉，牛肉
海产品	虾仁
调料	番茄沙司，沙拉酱，黑胡椒粉
乳制品、豆类	牛奶，马苏里拉奶酪碎，淡奶油，块状奶酪，无盐黄油，酸奶，奶酪粉
其他	干酵母，绿豆粉丝，面包糠

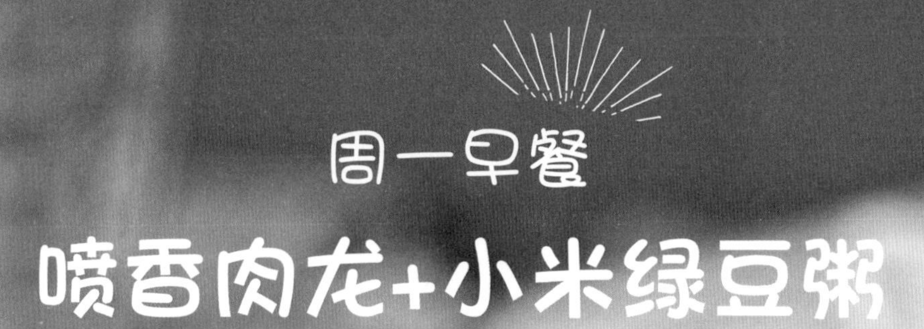

周一早餐

喷香肉龙+小米绿豆粥

省时妙招：

喷香肉龙需要提前一天晚上做好，第二天早上用蒸锅加热食用。

喷香肉龙

材料：面粉 300 克，小葱碎 50 克，猪肉末 150 克，酵母粉 5 克，牛奶 200 毫升。

调料：料酒 5 克，生抽 5 克，老抽 3 克，蚝油 5 克，五香粉 3 克，盐 3 克，蛋清 1 个，淀粉 5 克，香油 5 克。

做法：

❶ 将牛奶和酵母粉混合均匀，倒入面粉中，揉成光滑柔软的面团，于温暖处发酵至原体积的 2 倍大。

❷ 猪肉末加入料酒、生抽、老抽、蚝油、五香粉、盐和蛋清，搅拌均匀，加入淀粉搅匀，再淋入香油拌匀。

❸ 面团发酵好后，从盆中取出，再揉一次，擀成约 5 毫米厚的长方形，分切成两份。

❹ 将小葱碎放入肉馅中混合拌匀，均匀地涂抹在面皮上。

❺ 将面皮由窄的一端开始卷起，两份都做完后，饧发 30 分钟。

❻ 开水上锅，大火蒸 12 分钟，取出放凉，切块即可。

好搭配，更加分

小米绿豆粥

材料：小米 50 克，绿豆 30 克。

做法：

❶ 小米、绿豆分别淘洗干净。

❷ 将绿豆和小米放入电饭锅中，加入适量水，选择煮粥程序，预约第二天煮粥的时间。

周二早餐

蔬果饭团+荸荠白萝卜粥

省时妙招：

蔬果饭团可以用前一天晚上吃剩的米饭来做，这样既不浪费食物又能节省时间。

蔬果饭团

材料： 米饭200克，豌豆30克，胡萝卜30克，香肠30克，甜玉米粒30克，哈密瓜30克，生菜2片，杏仁少许。

调料： 奶酪粉适量。

做法：

❶ 香肠煎熟切成小粒，胡萝卜和哈密瓜洗净，分别切成小粒备用。

❷ 锅中放入清水烧开后放入胡萝卜丁、豌豆和甜玉米粒，焯熟后捞出沥干水分。

❸ 将米饭、胡萝卜丁、豌豆、甜玉米粒、香肠粒和哈密瓜粒放入碗中。

❹ 加入奶酪粉搅拌均匀，用模具或手捏成大小一致的饭团。

❺ 洗净的生菜垫底，饭团摆入盘中，每个饭团上点缀一颗杏仁即可。

好搭配，更加分

荸荠白萝卜粥

材料： 荸荠50克，白萝卜100克，大米100克。

做法： 荸荠洗净，去皮，切丁；白萝卜去皮，洗净，切丁。大米淘洗干净，锅中加水煮沸，放入大米，大火煮沸，改成小火煮20分钟，放入白萝卜丁、荸荠丁，继续煮5分钟即可。可提前一天做好。

周三早餐

芒果鲜虾吐司+南瓜番茄疙瘩汤

省时妙招：

处理虾仁和芒果的同时，预热烤箱，可以节省时间。

芒果鲜虾吐司

材料：吐司1片，芒果肉20克，虾仁30克，马苏里拉奶酪碎10克，淡奶油适量。

调料：香芹末少许，沙拉酱1大匙。

做法：

❶ 虾仁煮熟，芒果肉切丁。熟虾仁与沙拉酱、芒果丁拌匀。

❷ 烤箱预热至180℃，吐司放入预热好的烤箱中，烤3分钟，取出趁热抹上淡奶油。

❸ 将做法1的材料放在烤好的吐司上，撒上马苏里拉奶酪碎，再放入烤箱中，以上火200℃烤5分钟至奶酪融化且呈金黄色，再撒上适量香芹末即可。

好搭配，更加分

南瓜番茄疙瘩汤

材料：南瓜（块）100克，番茄（块）100克，面粉100克，姜末适量，香葱粒适量。

调料：生抽2茶匙，香油、盐、色拉油各少许。

做法：炒锅放入少许油，炒香姜末，放入番茄块，炒出红油，淋入生抽翻炒，再放入南瓜块翻炒均匀，加入适量水大火煮沸。面粉放入碗中，淋少许水调成细小的面疙瘩。将面疙瘩拨入锅中，搅拌均匀，煮5分钟后加入盐、香油调味，最后撒上香葱粒即可。

周四早餐

奶酪煎蛋卷+橙香酸奶

省时妙招：

鸡蛋需提前一天晚上从冰箱取出，常温放置，第二天烹调时口感会更好。

奶酪煎蛋卷

材料：鸡蛋 2 个，牛奶 50 毫升，块状奶酪 30 克，香肠 30 克，无盐黄油 10 克，生菜 30 克，圣女果 30 克。

调料：盐少许，番茄沙司少许。

做法：

❶ 香肠和块状奶酪切小粒；圣女果洗净，切块；生菜洗净备用。

❷ 鸡蛋打散加入牛奶拌匀，加盐调味。

❸ 平底锅中放入无盐黄油化开，倒入蛋液。

❹ 待蛋液稍稍凝固时将香肠碎和奶酪碎撒在蛋饼一半范围内。

❺ 将还未全部凝固的蛋饼对折，继续煎至奶酪融化，蛋液全部凝固。

❻ 盘中铺入生菜，蛋饼盛出放在生菜上，摆上圣女果，淋上番茄沙司即可。

好搭配，更加分

橙香酸奶

材料：橙子 1 个，酸奶 250 毫升。

做法：将橙子去皮，取果肉切成小粒，拌在酸奶中即可。

周五早餐

肉松玉米蛋饼+春雨沙拉

省时妙招：

粉丝、木耳需提前一天晚上用冷水浸泡。超市、网上有多种速冻饼类，有手抓饼、葱油饼、印度飞饼等，特别适合做成蛋饼，味道鲜美，营养丰富。

肉松玉米蛋饼

材料： 市售速冻薄饼 1 张，肉松 10 克，鸡蛋 1 个，甜玉米粒 20 克。

做法：

❶ 甜玉米粒放入微波炉高火加热 3 分钟备用，鸡蛋打散备用。

❷ 平底锅烧热，刷一层薄油，放入速冻薄饼，将蛋液淋入锅中，慢火煎至蛋液凝固。

❸ 待蛋液凝固成型，将肉松、玉米粒放入饼的中央，卷起来即可。

好搭配，更加分

春雨沙拉

材料： 绿豆粉丝 1 小把，鸡蛋 1 个，火腿丝 50 克，黄瓜 1 根，木耳 2 朵，葱花适量。

调料： 盐少许。

做法： 黄瓜洗净一半切丝，一半切片；鸡蛋打散，摊成薄薄的蛋饼，晾凉切成丝；粉丝煮熟冲洗沥干。木耳提前泡软煮熟，切丝；葱花用小火煸香，沥出葱油。将黄瓜片铺在盘底，把粉丝、黄瓜丝、火腿丝、木耳丝放在盘中，淋入葱油，撒少许盐拌匀即可。

周六早餐

香脆田园汉堡+葡萄哈密瓜奶

省时妙招：

汉堡所用的肉饼需提前做好，可以多做一些放入冰箱冷冻，用时取出油炸。

香脆田园汉堡

材料：汉堡餐包2个，猪肉末100克，鸡胸肉100克，胡萝卜50克，洋葱50克，甜玉米粒、甜豌豆粒各少许，面包糠、生菜各适量。

调料：料酒1茶匙，生抽2茶匙，蚝油1茶匙，淀粉1大匙，香油、黑胡椒粉、盐各少许，色拉油适量。

做法：

❶ 鸡胸肉剁碎，和猪肉末混合，放入料酒、生抽、蚝油、淀粉、黑胡椒粉拌匀，朝一个方向搅拌。

❷ 胡萝卜去皮切碎；玉米粒、豌豆粒在沸水中煮2分钟捞出控干。

❸ 洋葱切丝，凉油炸至金黄色取出，放凉后放入肉馅中拌匀。

❹ 肉馅中加入做法❷的食材、盐和香油，再加入淀粉拌匀。

❺ 取适量肉馅放入手心，在双手间用力摔打几下，按压成圆饼状，均匀蘸上面包糠。

❻ 将肉饼放入锅中炸至金黄色取出，控油。小餐包横向切开，切面朝上，放入预热好的烤箱，上下火150℃烤4分钟。

❼ 将炸好的肉饼和洗净的生菜加入小餐包中即可。

好搭配，更加分

葡萄哈密瓜奶

材料：葡萄10颗，哈密瓜100克，牛奶200毫升。

做法：葡萄洗净，哈密瓜去皮，去瓤，切成小块。将葡萄、哈密瓜块、牛奶放入榨汁机打成汁即可。

周日早餐

肉丸奶酪焗饭+水果酸奶沙拉

省时妙招：

肉丸可以自制，多做出一些，冷冻起来，随吃随取。也可以购买现成的。

肉丸奶酪焗饭

材料：猪肉末、牛肉末各100克，面包糠、洋葱各50克，鸡蛋1个，无盐黄油10克，米饭200克。

调料：黑胡椒碎少许，马苏里拉奶酪碎40克，盐5克、色拉油适量。

做法：

❶ 洋葱切末，无盐黄油放入平底锅化开，放入洋葱末，炒软后盛出。

❷ 将猪肉末和牛肉末放入盆中，加入黑胡椒碎和盐搅拌均匀。

❸ 将鸡蛋、面包糠和炒好的洋葱碎加入肉馅中，朝一个方向搅打上劲。

❹ 用手将肉馅挤成比乒乓球略小的肉丸。

❺ 锅中倒入适量油烧热，将做好的肉丸放入锅中煎制。保持小火，不断滚动肉丸使其均匀受热。煎至肉丸表面变为棕色即可熄火。

❻ 烤碗底部铺一层米饭，摆上几颗肉丸，均匀地撒上马苏里拉奶酪碎。

❼ 烤碗放入预热好的烤箱中，上下火210℃烤10分钟即可。

好搭配，更加分

水果酸奶沙拉

材料：猕猴桃、香蕉、圣女果、酸奶各适量。

做法：猕猴桃（去皮）、香蕉（去皮）、圣女果（洗净）切成小块，放入盘中，淋上酸奶，拌匀即可。

减肥早餐搭配要点

早餐营养要丰富

很多人减肥时不吃主食，早餐更是用蔬菜、水果替代，以为这样可以达到减肥的效果，但是疏不知长期不吃主食，摄入的肉类蛋白不能很好地被利用，导致营养缺乏。减肥时主食要减量，但不能不吃，早餐尤其要注意主食的摄取。

不要吃营养低的食物

想控制体重，就要在有限的食物总量里，优先摄取营养价值高的食物，保证每天的营养均衡。

研究表明低钙、低蛋白质的饮食会让人体产热能力下降，早餐要吃些瘦肉或白肉，否则易导致蛋白质、铁、锌和多种维生素摄入不足的问题，容易导致贫血和闭经。

喝一杯酸奶或牛奶

用牛奶或酸奶来替代其他动物性食品，可以保证钙和蛋白质的摄入，酸奶的乳酸还有利于矿物质的吸收。

吃一份水煮蔬菜

绿叶菜是上好的减肥食物。焯煮过的绿叶蔬菜带来的饱腹感更强，营养素含量也比只吃番茄和黄瓜要高得多。

一周早餐搭配方案

周一早餐	烟熏三文鱼黄瓜花沙拉 + 秋葵蛋羹
周二早餐	白玉菇意面 + 油淋秋葵
周三早餐	茄子鸡肉沙拉 + 百香果酸奶
周四早餐	洋葱海苔饭卷 + 冰草鲜虾沙拉
周五早餐	吐司培根蛋 + 鲜榨橙汁
周六早餐	牛油果鸡肉卷 + 芥菜粥
周日早餐	茼蒿土豆糙米饭团 + 鸡肉藕片沙拉

一周早餐需要准备的食材

蔬果	黄瓜花，苦菊，白兰菇，秋葵，长茄子，红椒，樱桃萝卜，百香果，洋葱，生菜，冰草，柠檬，茼蒿，土豆，魔芋丝，空心菜，黄瓜，藕，牛油果，抱子甘蓝，芥菜，橙子
禽肉蛋	鸡胸肉，培根，鸡蛋
海产品	三文鱼，虾仁
调料	橄榄油，红酒醋，柠檬汁，鲜法香碎，黑胡椒，干葱粒，芝士粉，小米辣，鱼露，辣椒油
乳制品，豆类	淡奶油，酸奶，无盐黄油
其他	蜂蜜，寿司海苔，熟白芝麻

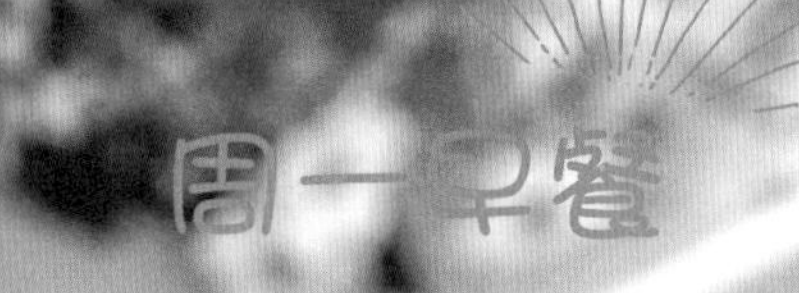

烟熏三文鱼黄瓜花沙拉+秋葵蛋羹

省时妙招：

先把蛋羹蒸上，再洗蔬菜制作沙拉，有条不紊，非常节省时间。

烟熏三文鱼黄瓜花沙拉

材料：黄瓜花 50 克，苦菊 50 克，烟熏三文鱼 80 克。

调料：橄榄油 2 茶匙，红酒醋 1/2 茶匙，柠檬汁 1/2 茶匙，鲜法香碎 1/2 茶匙。

做法：

❶ 黄瓜花洗净，沥干水分；烟熏三文鱼切碎。

❷ 将所有调料混合均匀，调成酱汁。

❸ 苦菊洗净，撕开，沥干水分，放在盘中，再放上烟熏三文鱼和黄瓜花，淋酱汁拌匀即可。

好搭配，更加分

秋葵蛋羹

材料：秋葵 3 根，鸡蛋 2 个。

调料：盐、香油各少许。

做法：秋葵洗净切成厚度约为 5 毫米的片。鸡蛋加少许盐、适量水（蛋和水的比例约为 1∶2）打散。将秋葵片轻轻铺在蛋液上，盖上一层保鲜膜，用牙签在保鲜膜上扎几个孔。沸水上锅蒸 10 分钟，淋少许香油即可。

周二早餐

白玉菇意面+油淋秋葵

省时妙招：

意大利面可在前一天晚上用冷水浸泡或煮熟沥干冷藏，可以节省第二天早上煮面的时间。

白玉菇意面

材料： 白玉菇 50 克，意大利面 100 克，蒜 2 瓣，无盐黄油 5 克。

调料： 淡奶油 20 克，盐、黑胡椒粉、干葱粒和芝士粉各少许。

做法：

❶ 锅中放入适量水，加入黄油和盐，下入意大利面煮熟。白玉菇洗净。

❷ 平底锅入油烧热，把蒜瓣炒至焦黄，再放入白玉菇翻炒，倒入淡奶油，加入盐和黑胡椒粉调味，混合煮好的意大利面，盛出。

❸ 面上撒干葱粒和芝士粉拌匀即可。

好搭配，更加分

油淋秋葵

材料： 秋葵 10 根，小米辣 2 个，蒜 2 ～ 3 瓣。

调料： 酱油、盐、色拉油各适量。

做法： 蒜拍碎、小米辣切碎。秋葵洗净，沸水中加少量油、盐，放入秋葵煮 2 分钟，取出后码在盘中，将蒜蓉、小米辣碎铺在上面，浇上酱油。起锅，热油，淋在盘中。

周三早餐

茄子鸡肉沙拉+百香果酸奶

省时妙招：

鸡胸肉提前一天晚上煮好，放入冰箱冷藏，第二天早上再用热水煮 1 ～ 2 分钟。

茄子鸡肉沙拉

材料：法棍 100 克，长茄子 100 克，红椒 50 克，鸡胸肉 50 克，樱桃萝卜 15 克。

调料：红酒醋 1 茶匙，橄榄油 2 茶匙，柠檬汁 1/2 茶匙，盐、黑胡椒碎各少许。

做法：

❶ 鸡胸肉用水煮熟后，撕成细丝备用；樱桃萝卜洗净，切薄片。

❷ 法棍切片；红椒去蒂、去籽，洗净擦干；长茄子切片；红椒和茄子分别刷少许橄榄油，放入煎锅煎软后切丝。

❸ 将红酒醋、剩余的橄榄油、柠檬汁、盐和黑胡椒碎调匀后，与鸡肉丝和蔬菜丝拌匀。

❹ 放在切片的法棍上即可。

好搭配，更加分

百香果酸奶

材料：百香果 2～3 个，酸奶 250 毫升，纯净水 100 毫升，蜂蜜适量。

做法：百香果剖开，将籽倒入杯中，倒入酸奶、蜂蜜和纯净水，搅拌均匀即可。

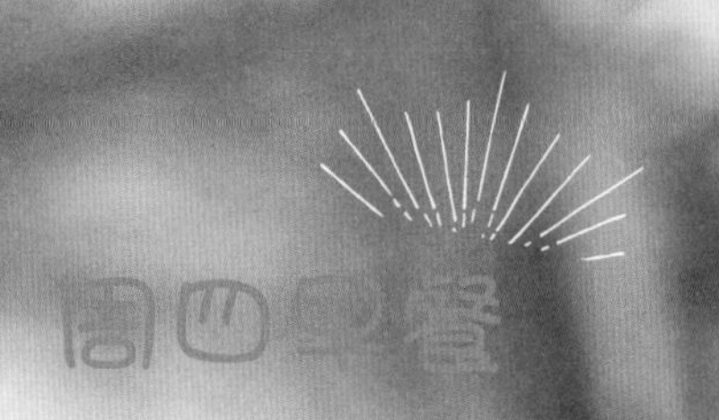

洋葱海苔饭卷+冰草鲜虾沙拉

省时妙招：

提前一天晚上将冰草、苦菊、樱桃萝卜分别洗净，沥干，装入保鲜袋冷藏，节省早上洗菜的时间。

洋葱海苔饭卷

材料： 寿司海苔 1 张，米饭 200 克，培根片 50 克，洋葱丝 50 克，生菜叶 1 片，熟白芝麻 1 茶匙。

调料： 酱油 1 大匙，米酒 1 大匙，白糖、黑胡椒粉、色拉油各少许。

做法：

❶ 锅烧热，倒入少许油，用小火煎香培根片，加入洋葱丝及所有调料炒匀，盛出后撒上熟白芝麻拌匀。

❷ 取一张海苔平铺，放入米饭摊平，依序放入生菜叶及炒好的洋葱培根，卷成圆筒状切段即可。

好搭配，更加分

冰草鲜虾沙拉

材料： 冰草 100 克，樱桃萝卜 50 克，苦菊 30 克，虾仁 50 克，柠檬半个。

调料： 初榨橄榄油 1 茶匙，红酒醋 1/2 茶匙，鱼露 1/2 茶匙，盐、黑胡椒碎各少许。

做法： 虾仁焯熟，沥干水分备用；冰草、苦菊分别洗净，沥干水分；樱桃萝卜洗净，切片备用；柠檬取皮切碎。将所有调料加入柠檬皮碎拌匀成沙拉酱汁。将冰草、苦菊铺在盘底，放上樱桃萝卜片、虾仁，淋上沙拉酱汁即可。

周五早餐

吐司培根蛋+鲜榨橙汁

省时妙招：

利用提前做好或购买的吐司作为早餐主食，加以变化，方便快捷、营养丰富。

吐司培根蛋

材料： 培根 1 片，鸡蛋 1 个，吐司 2 片，抱子甘蓝 7 ～ 8 个。

调料： 色拉油适量，盐、黑胡椒碎各少许。

做法：

❶ 抱子甘蓝洗净，对半切开。

❷ 用平底锅将培根煎出油至焦脆，取出，用厨房纸吸去多余油分。

❸ 将抱子甘蓝放入平底锅中，放少许水、盐和黑胡椒碎，小火煎至软。

❹ 另取一小煎锅，放入色拉油，小火煎蛋。

❺ 吐司放入预热好的烤箱中，上下火 200℃烤制 3 分钟即可。

好搭配，更加分

鲜榨橙汁

材料： 橙子 2 ～ 3 个。

做法： 橙子去皮，切块，放入榨汁机中榨汁即可。

周六早餐

牛油果鸡肉卷+芥菜粥

省时妙招：

提前一天晚上将鸡胸肉煮熟，晾凉后放入冰箱冷藏，第二天早上回温后食用。大米粥需要提前一晚预约好煮粥程序，第二天粥熟后放入芥菜调味食用。

牛油果鸡肉卷

材料：熟鸡胸肉 50 克，牛油果 100 克，生菜叶 30 克，市售速冻薄饼 1 张。

调料：柠檬汁 1 茶匙，橄榄油 1 茶匙，盐、黑胡椒碎各少许。

做法：

❶ 熟鸡胸肉从冰箱里取出，回温后撕成丝。

❷ 牛油果肉与柠檬汁、盐、黑胡椒碎混合均匀后加入鸡胸肉拌匀成馅料。

❸ 生菜叶洗净，用橄榄油和盐拌匀。

❹ 平底锅烧热，将速冻薄饼放入锅中，煎 2 分钟取出。

❺ 将馅料和生菜叶放入卷饼中卷起即可。

好搭配，更加分

芥菜粥

材料：大米 80 克，芥菜 100 克。

调料：盐、香油各少许。

做法：大米洗净，放入电饭煲中加入适量水，选择煮粥程序，预约第二天煮粥的时间。芥菜洗净，切碎，粥将熟时放入锅中，加入盐、香油调味即可。

周日早餐

茼蒿土豆糙米饭团+鸡肉藕片沙拉

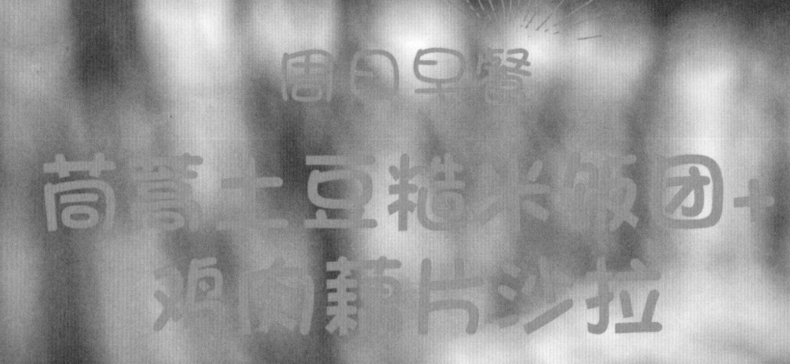

省时妙招：

蒸土豆时最好去皮切小丁，能够节省时间。糙米饭提前一天晚上做好备用。

茼蒿土豆糙米饭团

材料： 茼蒿 100 克，土豆 100 克，熟白芝麻 5 克，糙米饭 150 克，寿司海苔 1/2 张。

调料： 盐、香油各适量。

做法：

❶ 茼蒿洗净，焯熟，挤干水分切碎，用盐和香油拌匀。

❷ 土豆去皮切丁，蒸熟后捣成泥。

❸ 糙米饭与土豆泥、碎茼蒿、熟白芝麻一起拌匀后，捏成饭团。

❹ 饭团外层裹寿司海苔即可。

好搭配，更加分

鸡肉藕片沙拉

材料： 魔芋丝 30 克，熟鸡胸肉 100 克，空心菜叶 70 克，黄瓜 50 克，藕 150 克。

调料： 酱油、香油、辣椒油各适量，盐、糖各少许。

做法： 将所有调料放在一个小碗里调匀成酱汁。将藕洗净，切片；空心菜叶洗净；黄瓜洗净切丝。煮开一小锅水，放入藕烫熟后捞出，洗去黏液，放入调好的酱汁中浸泡入味。空心菜叶放入锅中烫一下迅速捞出；再放入魔芋丝煮 5 分钟，取出冲水沥干。熟鸡胸肉撕成细丝。所有材料放入酱汁中拌匀即可。

美白养颜早餐搭配要点

优质蛋白质是美白肌肤的基础

没有哪一样食物能够像灵丹妙药一样让皮肤快速变白，健康的体质是打造美白肌肤的基础，体弱多病、贫血、消瘦、肥胖，都会引起皮肤粗糙、暗淡、长斑、出现皱纹等。要想获得美白肌肤，首先要获得足够优质的蛋白质，早餐最好能保证 1 个鸡蛋或一块新鲜的鱼肉、100 克瘦肉，适量的乳制品，如牛奶、酸奶、奶酪等。

增加一份富含膳食纤维的食物

生菜、青椒、洋葱、玉米、麦片、猕猴桃等富含膳食纤维，特别适合早餐食用，膳食纤维有益于肠胃的蠕动，帮助排出体内的毒素和废物，促进消化和吸收，有助于美白肌肤。

吃一些抗氧化的食物

牛油果含有丰富的甘油酸、蛋白质及维生素，润而不腻，是天然的抗氧化剂，它不但能软化和滋润皮肤，还能细致毛孔，可以在皮肤表面形成乳状隔离层，能够有效抵御阳光照射，防止晒黑和晒伤。牛油果果仁里提取的牛油果油营养丰富，含丰富的维生素 E、镁、亚油酸和必需脂肪酸，有助于强韧细胞膜，延缓表皮细胞的衰老。

此外，柠檬、梨、藕、蜂蜜也是有助于美白养颜的食物。柠檬的抗氧化作用有助于应对体内自由基的损害，缓解衰老进程，其富含的维生素 C 能帮助氨基酸合成胶原，保护皮肤，防止皱纹产生。梨的果胶含量较高，有助于消化、通便，能够清除体内毒素，预防色素沉淀。

适量吃些坚果，能够滋润皮肤

花生、腰果、核桃等坚果中含有维生素 E 和一定量的锌，经常食用可以抗衰老，滋润皮肤。鹰嘴豆中含有的鹰嘴豆异黄酮，对女性健康很有益，是具有活性的植物性类雌激素，它能够延迟细胞衰老，使皮肤保持弹性。

一周早餐搭配方案

周一早餐	金枪鱼沙拉堡＋酸奶思慕雪
周二早餐	虾仁青菜煎＋蜂蜜青柠饮
周三早餐	牛油果拌面＋猕猴桃酸奶果昔
周四早餐	考伯沙拉＋香蕉牛奶
周五早餐	鲜虾法棍塔＋田园沙拉
周六早餐	香松虾饭卷＋梨藕美白汤
周日早餐	缤纷三明治卷＋水果酸奶

一周早餐需要准备的食材

蔬果	洋葱，甜玉米粒，生菜，火龙果，蓝莓，黄桃罐头，小油菜，青柠，牛油果，圣女果，柠檬，猕猴桃，黄椒，香蕉，西葫芦，口蘑，樱桃萝卜，黄瓜，芦笋，梨，藕，番茄，紫甘蓝，葡萄
禽肉蛋	鸡蛋，鸡胸肉，鹌鹑蛋，火腿
海产品	金枪鱼罐头，虾仁，鲜虾
调料	沙拉酱，寿司海苔，白胡椒粉，甜辣酱，海鲜酱，香油，日式白酱油，柠檬汁，黑胡椒粉，黑胡椒碎，油醋汁，香松，米酒
乳制品、豆类	酸奶，牛奶，养乐多，罐装鹰嘴豆
其他	枸杞子，蔓越莓干，坚果，苏打水，蜂蜜，橄榄油

周一早餐

金枪鱼沙拉堡+酸奶思慕雪

省时妙招：

制作金枪鱼沙拉堡的汉堡面包可以提前多做一些，冷冻起来，吃之前的晚上取出，常温放置，第二天夹入配菜、鸡肉、鱼肉等，就是一个营养丰富的汉堡包。

金枪鱼沙拉堡

材料：金枪鱼罐头 50 克，洋葱末 20 克，甜玉米粒罐头 10 克，生菜 1 片，汉堡面包 1 个。

调料：沙拉酱 1 大匙，白糖、黑胡椒粉各少许。

做法：

❶ 将金枪鱼罐头和甜玉米粒罐头的汤汁沥干，倒入一个大碗中，再加入洋葱末及所有调料，拌匀即为金枪鱼沙拉。

❷ 将汉堡面包放进烤箱略烤至热，取出后横切开，于中间依序放上做法 1 的金枪鱼沙拉和洗净晾干的生菜叶即可。

好搭配，更加分

酸奶思慕雪

材料：酸奶 250 毫升，火龙果 1 个，蓝莓 50 克，黄桃罐头 1 块，即食麦片 10 克。

做法：将火龙果洗净，挖出果肉；罐头黄桃切成片；蓝莓洗净备用。在料理机中倒入酸奶、1/2 火龙果块、蓝莓，打成糊状。将果昔倒入容器，铺上黄桃片和剩余的火龙果块，再撒上即食麦片即可。

周二早餐

虾仁青菜煎+蜂蜜青柠饮

省时妙招：

虾仁在前一天晚上处理好，小油菜也提前洗好，控干，放入冰箱保存，以节省第二天早上的时间。

虾仁青菜煎

材料：鸡蛋 2 个，虾仁 100 克，葱花 30 克，小油菜 50 克，淀粉 200 克。

调料：盐、白胡椒粉各少许，白糖 1 茶匙，水淀粉 1 茶匙，甜辣酱 1 大匙，市售海鲜酱 2 大匙，水 4 大匙，色拉油适量，香油少许。

做法：

❶ 淀粉、盐、白胡椒粉、葱花混合，加水拌匀。

❷ 鸡蛋打成蛋液；小油菜洗净，切段。

❸ 将海鲜酱、甜辣酱和白糖煮匀，加入水淀粉勾芡，淋入香油，即为酱汁。

❹ 平底锅烧热，放入适量食用油，加入虾仁煎香，倒入做法 1 的粉浆，煎至双面微微焦香，倒入蛋液至稍凝固，再放入小油菜段，盛出。

❺ 食用时搭配做法 3 的酱汁即可。

好搭配，更加分

蜂蜜青柠饮

材料：青柠 1 个，蜂蜜 1 大匙，苏打水 1 瓶。

做法：青柠洗净，切片，放入杯中，加入蜂蜜，倒入苏打水，搅拌均匀即可。

周三早餐

牛油果拌面+猕猴桃酸奶果昔

省时妙招：

提前一天晚上将猕猴桃酸奶果昔的用料准备好，第二天直接操作即可。

牛油果拌面

材料： 意大利面 100 克，牛油果 1 个，圣女果 5 ～ 6 个，柠檬 1/4 个。

调料： 日式白酱油 1 茶匙，盐、黑胡椒粉各适量。

做法：

❶ 柠檬洗净，挤出柠檬汁后将皮切碎。

❷ 小奶锅加适量水，煮开后撒盐，放入意大利面煮熟。

❸ 牛油果肉压成泥，与日式白酱油和柠檬汁混合均匀，再与意大利面拌匀。

❹ 圣女果洗净，切片，放入面中，撒柠檬皮碎、黑胡椒粉拌匀即可。

好搭配，更加分

猕猴桃酸奶果昔

材料： 猕猴桃 2 个，即食麦片 50 克，坚果 30 克，蔓越莓干 20 克，蜂蜜 1 大匙，酸奶 250 毫升。

做法： 将猕猴桃去皮，根据杯子大小切成薄片，依次贴在杯子壁上，其余切丁备用。料理机内放入切好的猕猴桃丁，倒入酸奶和蜂蜜，启动料理机，打成果昔状。杯子底部倒一层酸奶，接着铺 2 大匙麦片，再倒入猕猴桃果昔，再铺一层麦片，最后再倒入一层酸奶，顶部摆上坚果粒和蔓越莓干即可。

省时妙招：

制作这道沙拉，需要前一天晚上把鹌鹑蛋、甜玉米煮熟，分别放入保鲜袋冷藏。

考伯沙拉

材料：生菜叶 2 片，鹌鹑蛋 7 个，黄椒半个，鸡胸肉 2 块，甜玉米 1 根，猕猴桃 1 个，圣女果 5 个，牛油果半个，坚果 20 克，罐装鹰嘴豆适量，橄榄油适量。

调料：油醋汁适量，蜂蜜少许，黑胡椒碎适量。

做法：

❶ 甜玉米煮熟；鹌鹑蛋煮熟，去壳；生菜叶洗净，擦干水分，切细丝；黄椒洗净，切长条；牛油果和猕猴桃肉切丁。

❷ 平底锅放入少许橄榄油，煎熟鸡胸肉和黄椒条，撒黑胡椒碎；黄椒用厨房纸擦干多余油脂，再将鸡胸肉切小段，备用。

❸ 甜玉米竖着切下整排玉米粒，再用手掰成小段，备用。

❹ 取一个较大的餐盘，底部铺满生菜叶丝，从中间开始向两边均匀排列食材，尽量使食材颜色搭配协调，且有堆积感。

❺ 食用前撒上坚果，淋蜂蜜和油醋汁，吃时拌匀即可。

好搭配，更加分

香蕉牛奶

材料：牛奶 250 毫升，香蕉 1 根，养乐多 1 瓶。

做法：香蕉去皮，去掉表面的筋，切块。把香蕉块、牛奶、养乐多放入料理机，高速搅拌即可。

周五早餐

鲜虾法棍塔+田园沙拉

省时妙招：

鲜虾法棍塔也可以用烤箱制作，先把法棍烤香，取出后，烤盘刷一层薄薄的油，放入西葫芦片、口蘑片、处理好的虾，放入烤箱 200℃烤 5 分钟，取出后再一层一层摆放在法棍上。这样做既节省时间，又少油。

鲜虾法棍塔

材料：法棍面包1/4条，鲜虾6只，西葫芦100克，牛油果1个，口蘑3个，樱桃萝卜3个。

调料：橄榄油适量。

做法：

❶ 口蘑、西葫芦、樱桃萝卜洗净切片；法棍面包厚切几段（需要吃几个就切几段，切厚一些）；牛油果取果肉压成泥，备用。

❷ 平底锅不放油，放入切段的法棍面包，小火烘至焦香后取出。

❸ 接着在平底锅中倒入少许橄榄油，将西葫芦片和口蘑片两面煎熟。

❹ 鲜虾剪须，去肠线，洗净后用厨房纸擦干水分，平底锅倒入少许橄榄油，放入鲜虾煎熟。

❺ 一段法棍面包上先垫西葫芦片，依次铺上口蘑片、樱桃萝卜片，取1大匙牛油果泥，放在萝卜片上，轻轻压紧，再摆上煎熟的虾即可。

好搭配，更加分

田园沙拉

材料：黄瓜半根，罐装鹰嘴豆50克，甜玉米粒罐头50克，洋葱30克，白煮蛋1个。

调料：油醋汁、黑胡椒碎各适量。

做法：将所有蔬菜洗净，黄瓜切丁；樱桃萝卜切滚刀块；洋葱切丁，放入盘中。鹰嘴豆、甜玉米粒放入盘中，白煮蛋用手掰碎，撒上黑胡椒碎，淋入油醋汁，拌匀即可。

周六早餐

香松虾饭卷+梨藕美白汤

省时妙招：

香松虾饭卷所用的米饭需要前一天晚上蒸熟，第二天直接用来做饭卷。

香松虾饭卷

材料： 寿司海苔 1 张，米饭 150 克，芦笋 120 克，鲜虾 4 只。

调料： 酱油 1 大匙，米酒 1 大匙，香松 2 大匙，白糖、黑胡椒粉各少许。

做法：

❶ 鲜虾洗净去虾线，用竹扦从尾端插入至头部以防卷曲；将虾下沸水锅煮约 3 分钟取出，过凉水，去壳备用。

❷ 芦笋洗净，放入沸水中煮 1 分钟后取出，过凉水。

❸ 海苔平铺，放入米饭摊平，依序放上熟白虾、芦笋，淋上混合的调料，撒上香松，卷成圆筒状即可。

好搭配，更加分

梨藕美白汤

材料： 梨 1 个，藕 100 克，枸杞子 5 克。

做法： 梨、藕分别洗净，梨切块，藕切片，枸杞子洗净。梨块、藕片、枸杞子放入锅中加适量水煮沸，再改小火煮 5 分钟即可。

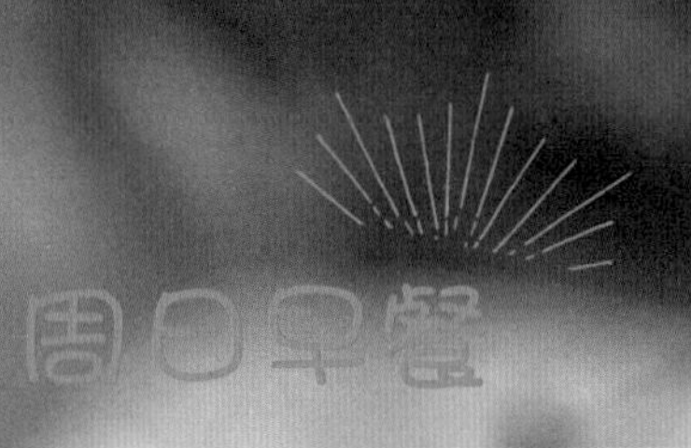

周日早餐

缤纷三明治卷+水果酸奶

省时妙招：

鸡蛋提前一晚煮熟，常温保存。

缤纷三明治卷

材料： 吐司 2 片，生菜叶 2 片，黄瓜 1 段，番茄 2 片，白煮蛋 1 个，火腿 2 片，紫甘蓝 1 片。

调料： 盐、黑胡椒粉各适量。

做法：

❶ 黄瓜洗净，切成细条：紫甘蓝切条；白煮蛋去壳对半切开。

❷ 保鲜膜平铺在操作台上，长度至少是吐司宽度的 3 倍，在 1/3 处放上一片吐司。

❸ 铺一片生菜叶，再放上火腿片和番茄片。

❹ 白煮蛋放在吐司正中间，旁边摆上黄瓜条和紫甘蓝条，把所有食材尽量往中间推。

❺ 在蔬菜上撒上适量黑胡椒粉和盐，再盖上另一片生菜叶。

❻ 放上另一片吐司，用手压住，用保鲜膜将吐司卷紧，裹上，成为一个圆柱体，两端拧上。

❼ 用面包刀将三明治切成两块，食用时去掉保鲜膜。

好搭配，更加分

水果酸奶

材料： 香蕉、葡萄、蔓越莓干各适量，酸奶 1 杯。

做法： 香蕉去皮切块，葡萄洗净去皮，和蔓越莓干一起放入碗中，淋入酸奶，吃时拌匀即可。

第4章 亚健康人群的营养早餐

高血糖人群早餐搭配要点

糖尿病患者一定要吃早餐

研究表明，不吃早饭容易引发胰岛素抵抗，血糖控制能力下降。早饭要吃饱，吃得太少很可能造成营养不良，或发生低血糖危险。多吃营养价值高又耐咀嚼的蔬菜、杂粮和豆类，可以兼顾营养供应、饱腹感和控制血糖三方面。

选择升糖指数慢的食物

粗粮升血糖的速度相比精米白面要慢些，其中小米、黏大黄米的血糖指数最高，黑米、荞麦、燕麦、大麦、黑麦等稍低，甜玉米和莲子也是血糖指数较低的食材。早餐宜多吃豆类，比如用红豆、绿豆、扁豆、鹰嘴豆等，替代精米白面，可以有效控制餐后血糖的升高；而且豆子富含维生素 B_1、钾、镁等元素，对于容易丢失矿物质和水溶性维生素的糖尿病人来说，是非常有益的。

食材巧妙搭配

粮食配豆子或蔬菜，都是适宜的搭配方法。蔬菜和豆类具有非常好的饱腹感，先吃些蔬菜再吃主食，或者将大米和红小豆、芸豆等混着吃，在稳定血糖的同时还能有效降低饥饿感。

膳食纤维多一些，防止餐后血糖升高。早餐可以食用木耳、莴笋、空心菜、香菇、苦瓜、菠菜等膳食纤维丰富的食物，防止餐后血糖升高，促进肠道蠕动和胰腺分泌。

一周早餐搭配方案

周一早餐	杂粮粉蒸时蔬 + 西瓜皮排骨汤
周二早餐	蘑菇鲜豆荞麦面 + 黄瓜柠檬汁
周三早餐	燕麦南瓜白菜粥 + 甘蓝拼盘
周四早餐	南瓜红枣发糕 + 青椒炒蛋
周五早餐	三文鱼牛油果卷 + 蓝莓鸡肉沙拉
周六早餐	茄子蛋饼 + 凉拌香椿
周日早餐	韭菜虾仁馄饨 + 果仁菠菜

一周早餐需要准备的食材

蔬果	四季豆，土豆，胡萝卜，香菜，西瓜皮，毛豆，口蘑，南瓜，白菜，抱子甘蓝，牛油果，生菜，香葱，长茄子，香椿，青椒，黄瓜，柠檬，蓝莓，紫菜，韭菜，菠菜，玉米粒
禽肉蛋	猪肋排，早餐香肠，鸡蛋，鸡胸肉，猪肉
海产品	虾仁，虾皮，三文鱼，寿司海苔
调料	油醋汁，黑胡椒碎，寿司醋
乳制品、豆类	牛奶
其他	红枣，鸡高汤，干酵母

周一早餐

杂粮粉蒸时蔬+西瓜皮排骨汤

省时妙招：

提前一天晚上将排骨汤煲好，以节省早上的时间。

杂粮粉蒸时蔬

材料：四季豆 100 克，土豆 100 克，胡萝卜 100 克，面粉、玉米面各适量，蒜 2 瓣，香菜 10 克。

调料：白糖、生抽、香醋各适量，盐少许。

做法：

❶ 四季豆洗净，掰成段；土豆和胡萝卜洗净分别切成细条状。

❷ 面粉和玉米面混合均匀。将粉类撒在蔬菜上拌匀，放入蒸锅大火蒸 15 分钟。

❸ 蒜去皮拍碎，香菜洗净，切碎，放入白糖、生抽、香醋、盐调拌成酱汁，配粉蒸时蔬一起上桌即可。

好搭配，更加分

西瓜皮排骨汤

材料：猪肋排 250 克，西瓜皮 100 克，姜丝 5 克。

调料：盐、香油各少许。

做法：猪肋排剁成小块，放入沸水中煮 5 分钟，捞出冲去浮沫，控干备用。西瓜皮去掉外皮，切块。锅中放入适量水和姜丝煮沸，放入猪肋排块。煮开后，再中火煮 30 分钟，放入西瓜皮块继续煮 5 分钟，加入盐和香油调味即可。

周二早餐

蘑菇鲜豆荞麦面+黄瓜柠檬汁

省时妙招：

荞麦面条需在前一天晚上用清水浸泡，第二天煮的时候熟得会比较快。

蘑菇鲜豆荞麦面

材料：荞麦面条 100 克，毛豆 50 克，口蘑 50 克。

调料：白糖、醋、生抽各 1 大匙，蚝油 2 小匙，盐、香油各少许。

做法：

❶ 荞麦面条煮熟，冲温水沥干备用；毛豆、口蘑分别焯熟。

❷ 白糖、醋、生抽、盐、蚝油放入碗中拌匀成汁。

❸ 面条放入碗中，倒入做法 ❷ 中调好的汁，淋香油拌匀即可。

好搭配，更加分

黄瓜柠檬汁

材料：黄瓜 300 克，柠檬半个。

做法：黄瓜洗净，去皮，切块；柠檬洗净，切小块。把切好的黄瓜和柠檬放入榨汁机，倒入 50 毫升纯净水，榨汁后倒入杯中，即可。

周三早餐

燕麦南瓜白菜粥+甘蓝拼盘

省时妙招：

这两道菜都非常便捷，不需要提前准备，甘蓝拼盘中所用到的鸡高汤可以提前煮好，如果没有也可以用水代替。

燕麦南瓜白菜粥

材料：燕麦片 50 克，南瓜 100 克，白菜 100 克。

调料：盐、香油各少许。

做法：

❶ 南瓜洗净，去皮，切小块；白菜洗净，切丝。

❷ 锅中放入适量水，加入南瓜煮软，再放入白菜丝煮 3 分钟。

❸ 大火煮沸后放入燕麦片，搅拌均匀，煮 2 ～ 3 分钟后加入盐、香油调味即可。

好搭配，更加分

甘蓝拼盘

材料：抱子甘蓝 350 克，早餐香肠 1 根，鸡蛋 1 个。

调料：鸡高汤 15 毫升，盐、黑胡椒碎、色拉油各适量。

做法：鸡蛋煮熟，去皮切开放入盘中；抱子甘蓝洗净对半切开备用。煎锅放入少许油，将早餐香肠煎好取出，用厨房纸吸去多余油脂后放入盘中。将抱子甘蓝切面向下放入煎锅中，加入少许油和鸡高汤、盐，小火略煮至软，再转中火煎香撒入黑胡椒碎调味盛出。

周四早餐

南瓜红枣发糕+青椒炒蛋

省时妙招：

南瓜红枣发糕需要提前一晚做好，放置于室温或冰箱冷藏。第二天先用蒸锅加热，再去准备其他的菜品。

南瓜红枣发糕

材料：南瓜 150 克，面粉 100 克，牛奶 100 毫升，红枣（去核）50 克，酵母 5 克，色拉油适量。

做法：

❶ 南瓜去籽去皮，蒸熟后捣成泥；红枣洗净，用水泡软。

❷ 南瓜泥里加入牛奶、酵母拌匀，加入面粉，搅拌成糊状，盖盖发酵至体积两倍大。

❸ 6 寸模具表面抹一层薄油，倒入南瓜面粉糊，震动模具排气，盖盖继续发酵 10 ～ 15 分钟。

❹ 红枣去核放在发好的南瓜糊上，冷水上锅蒸 30 分钟。

❺ 脱模后切块即可。

❻ 早上从冰箱取出，放入蒸锅加热 10 分钟。

好搭配，更加分

青椒炒蛋

材料：青椒 100 克，鸡蛋 2 个，姜丝 5 克。

调料：盐少许，色拉油适量。

做法：青椒洗净，切丝。鸡蛋打散搅匀，放入青椒丝和少许盐搅拌均匀。锅中放入少许油烧热，下姜丝炒香，倒入蛋液炒至凝固即可。

周五早餐

三文鱼牛油果卷+蓝莓鸡肉沙拉

省时妙招：

鸡胸肉需在前一天晚上煮熟，用保鲜膜包好保存，第二天再切片。

三文鱼牛油果卷

材料：米饭200克，牛油果肉100克，三文鱼100克，生菜2片，寿司海苔若干。

调料：寿司醋适量。

做法：

❶ 米饭中淋入寿司醋，戴手套抓匀。

❷ 牛油果肉切小片；三文鱼切片，煎熟。

❸ 生菜洗净，控干水。

❹ 寿司海苔铺平，放入一片生菜，适量米饭，再放入牛油果肉和三文鱼片，卷成自己喜欢的样子即可。

好搭配，更加分

蓝莓鸡肉沙拉

材料：蓝莓20克，鸡胸肉100克，生菜50克。

调料：生抽1小匙，黑胡椒粉少许，油醋汁适量。

做法：鸡胸肉放入生抽和黑胡椒粉腌制5分钟后，放入锅中煮熟，取出后冲洗干净，切片备用。生菜洗净，撕成小片，和洗净的蓝莓放在盘中，放入鸡胸肉片，淋上油醋汁拌匀即可。

周六早餐

茄子蛋饼+凉拌香椿

省时妙招：

先把茄子切片，进行腌制，再去处理面糊，能够节省一些时间。

茄子蛋饼

材料：长茄子 1 根，鸡蛋 2 个，面粉 200 克，牛奶 300 毫升，香葱 20 克。

调料：白胡椒粉、色拉油、盐各适量。

做法：

❶ 长茄子洗净，切薄片，用盐腌 2 分钟。

❷ 牛奶倒入面粉中混合均匀，再打入蛋液搅拌成糊状。

❸ 香葱洗净切碎，放入蛋糊中，调入白胡椒粉和盐拌匀。

❹ 平底锅烧热，放入茄子片，淋入少许油，快速转锅将每片茄子都沾上油，快速翻面，将两面煎至金黄色。

❺ 淋入面糊，轻轻转成薄薄一层，中火煎至两面金黄即可。

好搭配，更加分

凉拌香椿

材料：香椿 200 克。

调料：盐、香油各少许。

做法：香椿洗净，用开水烫一下，迅速捞出，切碎。加入盐、香油拌匀即可。

周日早餐

韭菜虾仁馄饨+果仁菠菜

省时妙招：

韭菜虾仁馄饨现吃现包味道最好。周末的早晨时间充裕，可以试试动手包馄饨。

韭菜虾仁馄饨

材料：韭菜 100 克，猪肉末 200 克，虾仁 100 克，姜 5 克，馄饨皮 250 克，紫菜 30 克，香菜或香葱少许。

调料：生抽 10 克，盐 5 克，花椒粉 3 克，香油 10 克，蚝油 5 克，虾皮少许。

做法：

❶ 韭菜洗净，沥干；姜切末；紫菜掰碎。

❷ 虾仁洗净，切碎。

❸ 猪肉末和虾仁碎一起放入盆中，加入姜末、生抽、蚝油、花椒粉、盐、5 克香油搅拌均匀做成肉馅。

❹ 韭菜沥干后切碎，放入拌好的肉馅中拌匀。

❺ 馄饨皮中包入适量馅料，逐个包好。

❻ 煮一锅水烧开，放入馄饨，大火煮开，再添入适量冷水，煮沸后再继续煮一会儿，熄火。

❼ 碗中放入虾皮、紫菜、香菜或香葱碎，浇入馄饨汤，再舀入馄饨，淋少许香油即可。

好搭配，更加分

果仁菠菜

材料：菠菜 200 克，玉米粒、花生仁各 30 克。

调料：盐、香油各少许。

做法：将菠菜洗净，汆烫后切段；玉米粒、花生仁分别煮熟。将菠菜段、玉米粒、花生仁放入盘中，放少许盐、香油拌匀即可。

高血脂人群早餐搭配要点

不要长期吃素

高血脂人群的饮食要点是戒烟、戒酒、戒甜食，多吃低脂高纤食物，减少精白细软食物的摄入，增加维生素、矿物质和抗氧化成分，同时增加运动。高血脂的人早餐可以吃一点鸡肉、鱼肉、虾，为身体补充优质蛋白质。

主食以谷类为主

谷类食物中保留了大量膳食纤维，易于与胆汁中的胆固醇结合，促进胆固醇的排出，从而帮助降低血脂。

多吃乳制品、豆制品

牛奶、豆类及其制品均是营养佳品，除含有优质蛋白质外，还含有丰富的钙、铁、B 族维生素等。其中的优质蛋白质不仅有利于保持血管的弹性，还能促进血液中过量钠的排出，预防动脉硬化、高血压的发生。乳制品、豆制品中所含的一种耐热低分子化合物能够抑制胆固醇的合成，所含的乳清酸能影响脂肪的代谢。豆制品还含有钙、钾等矿物质，对于预防和缓解冠心病、高血压也有好处。

多摄入蔬菜、薯类

蔬菜和薯类含有丰富的膳食纤维，可以增加饱腹感，减少摄食量，膳食纤维有助于减少胆固醇的吸收，增加粪便体积和加速肠蠕动，促进胆固醇的排出，起到降血脂的作用。

一周早餐搭配方案

周一早餐	双花三文鱼沙拉 + 牛油果鸡蛋吐司
周二早餐	鲜虾生菜包饭 + 烤南瓜
周三早餐	三文鱼梅子茶泡饭 + 洋葱木耳拌苦瓜
周四早餐	秋葵火腿炒饭 + 海参蛋羹
周五早餐	胡萝卜素馅饼 + 牛奶杏仁豆浆
周六早餐	蔓越莓核桃玉米发糕 + 秋葵炒虾仁
周日早餐	香脆家常饼 + 银耳鹌鹑蛋汤

一周早餐需要准备的食材

蔬果	海鲜菇，四季豆，南瓜，胡萝卜，鲜香菇，牛油果，木耳，苦瓜，秋葵，洋葱，紫苏腌梅子，西葫芦，杏仁，西蓝花，菜花，红椒，香芹，玉米，百合（干），桂圆肉，莲子
禽肉蛋	鸡蛋，火腿，鹌鹑蛋
海产品	三文鱼，三文鱼鱼籽，鲜虾，虾仁，虾皮，海参
调料	柠檬汁，黑胡椒碎，寿司海苔，罗勒碎，日本酱油，生抽
乳制品、豆类	黄豆，豆腐皮
其他	乌龙茶包，熟白芝麻，干酵母，猪油，银耳，蔓越莓干，核桃仁，枸杞子

周一早餐

双花三文鱼沙拉+牛油果鸡蛋吐司

省时妙招：

南瓜和紫薯烤制比较费时间，可以在前一天晚上蒸熟备用，第二天切块放入烤箱和白玉菇、豌豆角一起烤制。

双花三文鱼沙拉

材料：西蓝花、菜花各50克，三文鱼片100克，红椒30克，香芹30克，大蒜2瓣，煮熟的玉米100克。

调料：盐5克，色拉油20克。

做法：

❶ 西蓝花、菜花分别洗净，掰成小朵；红椒洗净切片；香芹洗净切段；大蒜切片；煮熟的玉米切块。

❷ 锅中加入适量水，放入3克盐，5克色拉油煮沸，把西蓝花、菜花、红椒块、香芹段按顺序放入沸水中汆烫1～2分钟，玉米块也放入沸水中汆烫片刻，捞出冲水沥干，放入容器中，撒上余下的2克盐。

❸ 炒锅中放入15克色拉油烧热，放入蒜片，炸至金黄，熄火，趁热淋在容器中，拌匀，再放入三文鱼片装盘即可。

好搭配，更加分

牛油果鸡蛋吐司

材料：鸡蛋1个，牛油果1个，柠檬汁少许，吐司2片。

调料：盐、黑胡椒碎各适量。

做法：鸡蛋煮熟切片，牛油果研成泥，滴入柠檬汁，加盐和黑胡椒碎拌匀。将牛油果泥抹在吐司上，鸡蛋放在吐司上，再放上另一片吐司即可。

省时妙招：

用前一天晚上吃剩的米饭做菜包饭，非常节省时间。没有圆生菜，用新鲜的大白菜做包饭也非常美味。

鲜虾生菜包饭

材料：米饭 200 克，鲜虾 10 只，鸡蛋 1 个，胡萝卜 50 克，鲜香菇 2 朵，圆生菜适量。

调料：盐、色拉油各适量，蚝油 2 茶匙，水淀粉 1 大勺。

做法：

❶ 胡萝卜洗净去皮切碎；香菇洗净切碎；鲜虾去壳去虾线烫熟，切碎。

❷ 炒锅中加少许油，放入蛋液炒散后盛出；放入胡萝卜碎和香菇碎，炒香后放入米饭。

❸ 炒匀后放入炒好的鸡蛋和虾仁，加入少许盐调味，炒匀后盛出。

❹ 用生菜叶包裹炒好的米饭即可。

好搭配，更加分

烤南瓜

材料：嫩南瓜 300 克。

调料：罗勒碎、黑胡椒碎各少许。

做法：南瓜洗净，切开，去瓤后切 1 ～ 2 厘米厚的月牙状。烤盘铺一层锡纸，放入南瓜，均匀地撒上黑胡椒碎和罗勒碎。烤箱预热，上下火 180℃烤 20 分钟即可。

周三早餐

三文鱼梅子茶泡饭+洋葱木耳拌苦瓜

省时妙招：

为了节省时间，提前一天晚上把木耳用清水浸泡。将三文鱼梅子茶泡饭所用食材准备好，以免第二天早上手忙脚乱。

三文鱼梅子茶泡饭

材料： 米饭 200 克，三文鱼 100 克，三文鱼鱼籽 5 克，鸡蛋 1 个，紫苏腌梅子 2 颗，乌龙茶包 1 个，海苔丝、熟白芝麻各少许，黄油 5 克，葱花 3 克。

调料： 日本酱油、色拉油各少许。

做法：

❶ 冲泡乌龙茶包，1 个茶包倒入 300 ～ 500 毫升水；鸡蛋煎成蛋皮，切丝。

❷ 炒锅烧热，倒入少许油，放入三文鱼，将黄油放在旁边，中小火煎 2 分钟，翻面后再煎 2 分钟左右。

❸ 将煎好的三文鱼和鱼籽、蛋皮、紫苏腌梅子依次码放在米饭上，依据个人口味加入适量的日本酱油。

❹ 最后将泡好的茶水浇在米饭上，撒上葱花、海苔丝、熟白芝麻即可。

好搭配，更加分

洋葱木耳拌苦瓜

材料： 苦瓜 200 克，洋葱 50 克，干木耳两朵，姜丝 5 克。

调料： 盐、香油各少许。

做法： 苦瓜去瓤，洗净，切片；洋葱切丝；干木耳泡发洗净。锅中放水煮开，放入苦瓜片煮 1 分钟捞出；放入木耳煮两分钟后捞出，冲洗后切丝。将苦瓜片、木耳丝、洋葱丝放入盘中，撒上姜丝，加入盐，淋香油拌匀即可。

周四早餐

秋葵火腿炒饭+海参蛋羹

省时妙招：

虾仁需要在前一天晚上收拾干净，用厨房纸巾擦干水分，用保鲜袋保存。

秋葵火腿炒饭

材料：米饭200克，秋葵100克，洋葱30克，火腿50克。

调料：盐少许，色拉油适量。

做法：

❶ 洋葱切末；秋葵洗净，切片；火腿切丁备用。

❷ 锅中放油，冷油小火炒香洋葱，再放入火腿丁、米饭翻炒均匀。

❸ 放入秋葵片，翻炒均匀，加入盐调味即可。

好搭配，更加分

海参蛋羹

材料：鸡蛋2个，海参1个。

调料：盐、香油各少许。

做法：鸡蛋打入碗中，加入20毫升凉白开搅打均匀；海参处理干净，切丁，放入蛋液碗中，覆上保鲜膜，上锅蒸20分钟熄火，吃时撒少许盐，淋香油拌匀。

周五早餐

胡萝卜素馅饼+牛奶杏仁豆浆

省时妙招：

馅饼看上去烦琐，只要提前做好准备工作，第二天早上吃到现烙的馅饼并不是什么难事。前一天晚上把面和好，包上保鲜膜冷藏，胡萝卜、豆腐皮切丝，木耳泡发洗净切丝，放入保鲜饭盒保存。

胡萝卜素馅饼

材料： 面粉200克，干木耳10克，胡萝卜100克，西葫芦100克，豆腐皮50克，虾皮20克，葱20克，鸡蛋2个。

调料： 盐少许，香油5克，色拉油适量。

做法：

❶ 面粉加入适量清水，揉成光滑的面团，盖上保鲜膜饧发20分钟。

❷ 木耳提前泡发，洗净，切成末；西葫芦、豆腐皮、胡萝卜分别切成丝备用。

❸ 鸡蛋打成蛋液，锅中放油烧热，倒入蛋液，炒散成鸡蛋碎盛出。

❹ 将鸡蛋碎、木耳末、西葫芦、胡萝卜和豆腐皮放入容器中拌匀。

❺ 葱切末，馅料中加入葱末、盐、虾皮和食用油、香油搅拌均匀。

❻ 饧好的面团做成剂子，擀成包包子大小的面皮。

❼ 取适量馅料放在面皮中央，将面皮边缘捏合，褶皱尽量捏小捏紧。

❽ 平底锅放少许油，将馅饼捏口朝下放入锅中，用锅铲压扁，小火烙制5分钟后翻面。

❾ 翻面后再烙制5分钟，待两面烙成金黄色盛出即可。

好搭配，更加分

牛奶杏仁豆浆

材料： 黄豆60克，杏仁20克，牛奶250毫升，白糖15克。

做法： 黄豆提前用清水浸泡8～12小时，洗净；杏仁挑出杂质，洗净。把杏仁和浸泡好的黄豆放入豆浆机中打成豆浆，依个人口味加白糖调味，待豆浆温热，倒入牛奶搅拌均匀即可。

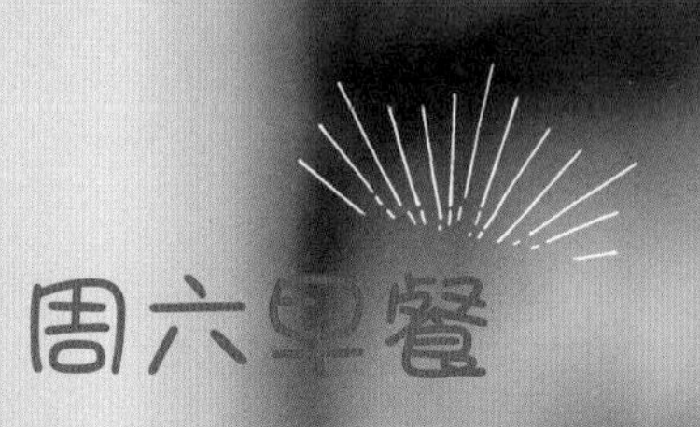

周六早餐

蔓越莓核桃玉米发糕+秋葵炒虾仁

省时妙招：

蔓越莓核桃玉米发糕提前一天晚上蒸好，常温保存，第二天早上用蒸锅加热食用。

蔓越莓核桃玉米发糕

材料：高筋面粉 150 克，玉米粉 75 克，酵母粉 6 克，牛奶 160 克，白糖 18 克，蔓越莓干 30 克，核桃仁 30 克。

做法：

❶ 将蔓越莓干和核桃仁分别切碎。

❷ 把高筋面粉、玉米粉和白糖放入面包机中，加入酵母粉和牛奶，选择“和面”程序，在“和面”程序的最后两分钟，倒入蔓越莓碎和核桃仁碎，和匀。

❸ 取出面团，收圆。

❹ 棉纱布用水浸湿后拧干，铺在蒸笼里，将面团放在纱布上，按压面团使其摊平在笼屉里。

❺ 待面团发酵至原体积 2.5 倍大，开水上锅，大火蒸 20 分钟，取出，揭掉纱布，放凉切块即可。

好搭配，更加分

秋葵炒虾仁

材料：秋葵 350 克，虾仁 200 克，姜丝 5 克。

调料：生抽 5 克，料酒 5 克，盐少许，色拉油适量。

做法：

秋葵洗净，斜切成块；虾仁收拾干净，用生抽和料酒腌制 5 分钟。锅烧热，放入少许油，放入虾仁炒至变色盛出备用。锅中再倒入少许油，炒香姜丝，放入秋葵快速翻炒，再倒入炒好的虾仁炒匀，放盐调味即可。

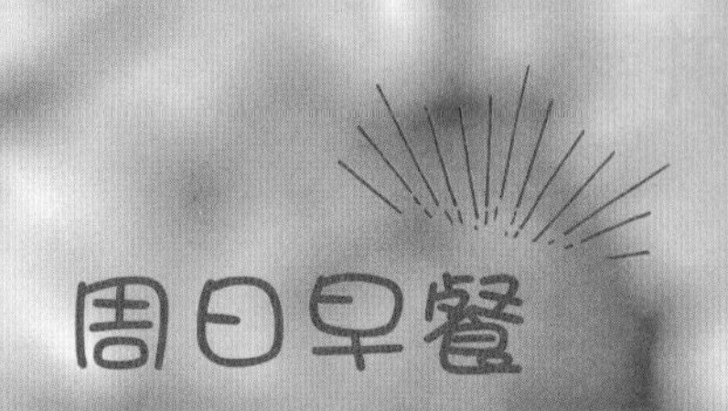

周日早餐

香脆家常饼+银耳鹌鹑蛋汤

省时妙招：

面团需提前一天晚上和匀，用保鲜膜包起来，第二天稍微揉一下即可。排骨汤也可以事先熬好，第二天煮沸加入蔬菜即可。

香脆家常饼

材料：面粉 250 克。

调料：盐少许，猪油、色拉油各适量。

做法：

❶ 面粉过筛，一半加入 100 毫升开水烫熟。将剩余的面粉加入熟面粉内，慢慢揉进去，再加大约 30 毫升凉开水慢慢揉成光滑的面团。

❷ 分割成 50 克一个的面团，分别擀成长面片（尽量擀薄，大约 1 毫米），刷上猪油，撒上盐。两边往中间卷起。捏起两头，往相反方向卷，卷成麻花型。

❸ 慢慢往两边搓长。从两端向中间盘成两个圆形。将两个圆形面团叠加，按压在一起，擀成直径约 8 厘米的圆饼。

❹ 平底锅放入少许色拉油，放入面饼，烙至两面金黄即可。

好搭配，更加分

银耳鹌鹑蛋汤

材料：银耳 1 朵，鹌鹑蛋 4 个，百合（干）5 克，桂圆肉 15 克，莲子 15 克，枸杞子 5 克，冰糖适量。

做法：1. 鹌鹑蛋提前煮熟，去壳；银耳洗净去蒂，提前用温水泡发后撕成小朵。

2. 把百合、莲子、枸杞子、桂圆肉洗净，和撕成小朵的银耳一起放入锅中，加入适量水，大火煮开后转小火煲 30 分钟，放入鹌鹑蛋和冰糖，续煮 5 分钟，即可。

高血压人群早餐搭配要点

早餐要有蛋白质

研究表明，适量摄入优质蛋白质，可以降低高血压的发病率。高血压病人每周吃两三次鱼类蛋白质，可改善血管弹性和通透性，增加尿钠排出，从而降低血压。早餐可以搭配鸡蛋、牛肉、三文鱼等富含优质蛋白质的食物。

早餐宜搭配新鲜蔬菜、水果

高血压人群的早餐应搭配一些当季新鲜的蔬菜、水果。新鲜的蔬菜和水果含有大量的维生素 C 及膳食纤维，有利于改善血液循环和心肌功能，还能使体内多余的胆固醇排出体外，从而有效地预防动脉硬化的发生。另外，新鲜蔬菜和水果含有人体所需要的各种电解质和一些利尿成分，能帮助身体排出多余的水分和盐分，有利于降低血压。

增加含钾食物的摄入

医学研究表明，钾能对抗钠所产生的不利影响，也就是说，多食含钾高的食物有利于降低血压。此外，衡量食物的降压作用，不仅要看其钾的含量，更要看其钾和钠的比值（即 K 因子）的大小，含钾越高，且其 K 因子越大的食物，降压作用就越好。早餐可以吃一些荞麦、玉米、豆腐、圆白菜、柠檬、香蕉等含钾量高的食物。

保证钙的充足

钙摄入充分时，可增加尿钠的排泄，减轻钠对血压的不利影响，有利于降低血压。钙还可以降低细胞膜的通透性，促进血管平滑肌松弛，并能够对抗高钠所致的尿钾排泄增加，起到保钾作用。研究显示，通过增加膳食钙的摄入，可使患者血压趋于下降。因此，高血压患者及早注意饮食中改的供应和吸收，对防治高血压是有益的。高血压人群早餐可以喝一杯牛奶或酸奶、豆浆，吃些低脂奶酪，吃一些油菜、小白菜、圆白菜等含钙高的蔬菜。

一周早餐搭配方案

周一早餐	茄丁肉末拌面 + 萝卜牛腱汤
周二早餐	虾仁烘蛋贝果 + 白灼芦笋
周三早餐	煎三文鱼土豆饼 + 圆白菜炒蛋
周四早餐	鸡肉窝蛋 + 西蓝花梨汁
周五早餐	日式酱油炒面 + 苹果玉米沙拉
周六早餐	鹌鹑蛋荞麦面 + 西柚鸡肉沙拉
周日早餐	南瓜椒盐发面饼 + 虾仁豆腐汤

一周早餐需要准备的食材

蔬果	茄子，白萝卜，土豆，洋葱，节瓜，圆白菜，番茄，黄瓜，芦笋，西蓝花，梨，柠檬，鲜香菇，胡萝卜，苹果，香梨，圣女果，甜玉米，青豆，青椒，红椒，香菜，芝麻菜，南瓜，西柚
禽肉蛋	猪肉，牛腱，鸡蛋，火腿，培根，鹌鹑蛋，鸡胸肉
海产品	虾仁，三文鱼
调料	沙拉酱，黑胡椒粉，芝麻酱，香菇酱，椒盐，油醋汁，日本酱油
乳制品、豆类	豆浆，豆腐，酸奶
其他	干酵母

周一早餐

茄丁肉末拌面+萝卜牛腱汤

省时妙招：

牛腱汤需要提前一天晚上煮好，第二天再加入胡萝卜、白萝卜煮熟、调味。

茄丁肉末拌面

材料： 茄子 300 克，猪肉末 200 克，面条 200 克，姜丝 5 克。

调料： 酱油 2 茶匙，盐、香油、花椒粉、色拉油各少许。

做法：

❶ 茄子洗净，去皮，切丁；猪肉末加入花椒粉、盐拌匀成肉馅。

❷ 锅中倒油烧至五成热，放入猪肉馅炒至变色后盛出。

❸ 锅中留底油炒香姜丝，再放入茄丁翻炒，倒入炒好的猪肉馅，淋入酱油，加少许水，大火煮开，最后加入少许盐和香油调味。

❹ 面条煮熟后，淋入茄丁肉末酱拌匀即可。

好搭配，更加分

萝卜牛腱汤

材料： 牛腱 1 块，姜片 10 克，白萝卜 200 克，胡萝卜 100 克。

调料： 盐少许。

做法： 将牛腱切成块，放入沸水锅中汆烫，捞出备用。胡萝卜、白萝卜分别去皮洗净，切小块，放入沸水中汆烫盛出备用。将牛腱块和姜片放入砂锅，倒入适量水，大火煮沸后转小火煲 2 小时。放入白萝卜块和胡萝卜块，煮至熟透，加入盐调味即可。

周二早餐

虾仁烘蛋贝果+白灼芦笋

省时妙招：

全麦贝果可以自己烘烤，也可以买现成的。一次多准备几个，放入冰箱冻起来，提前一天晚上取出来室温保存。

虾仁烘蛋贝果

材料：全麦贝果1个，虾仁5只，鸡蛋1个，豆浆15毫升，番茄2片，黄瓜片20克。

调料：沙拉酱1茶匙，盐、黑胡椒粉、植物油各适量。

做法：

❶ 将鸡蛋打散，和沙拉酱拌匀后加入豆浆、盐、黑胡椒粉搅打拌匀。

❷ 平底锅烧热，放入少许油，将虾仁煎至上色，再加入蛋液炒熟。

❸ 贝果面包横剖切开，放入烤箱略烤热，取出依序放入番茄片、黄瓜片和做法 ❷ 的虾仁蛋即可。

好搭配，更加分

白灼芦笋

材料：芦笋150克，葱丝20克，干辣椒2个。

调料：白糖10克，生抽30克，盐适量。

做法：芦笋洗净，切除根部；白糖、生抽、盐放入小碗中调成味汁。锅中倒入水，放入盐、几滴食用油，大火烧开，放入芦笋煮至变色。芦笋取出后过凉水，放入葱丝、干辣椒丝，浇入味汁。锅中倒入少量食用油加热至冒烟，淋在盘中拌匀即可。

周三早餐

煎三文鱼土豆饼+圆白菜炒蛋

省时妙招：

提前一晚把土豆煮熟，压成泥，放入保鲜袋冷藏，可以节省早上蒸土豆的时间。

煎三文鱼土豆饼

材料：三文鱼 100 克，土豆 100 克，小洋葱 30 克，节瓜 100 克，面粉 50 克。

调料：盐、色拉油、黑胡椒粉各适量。

做法：

❶ 土豆蒸熟后压成泥；小洋葱去皮，洗净，切丝；节瓜洗净，切丝。

❷ 平底锅放入少许油，炒软小洋葱丝和节瓜丝。

❸ 土豆泥放入水调匀，放入面粉和炒软的小洋葱丝、节瓜丝、少许盐和黑胡椒粉调成糊状。

❹ 平底锅抹一层油，用勺子舀一勺面糊，放入锅中压扁，煎至两面金黄。

❺ 将三文鱼切成小块，煎好后放入盘中，用厨房纸吸去多余的油脂。

❻ 装盘时放上煎好的三文鱼块即可。

好搭配，更加分

圆白菜炒蛋

材料：圆白菜 200 克，鸡蛋 1 个，姜末 5 克。

调料：盐少许，色拉油适量。

做法：圆白菜洗净，撕成大片；鸡蛋打入碗中搅拌均匀。锅中放入适量油烧热，倒入蛋液炒熟，盛出。再添加少许油，放入姜末炒香，放入圆白菜叶，大火快炒，放入炒熟的鸡蛋，撒盐，炒匀即可。

周四早餐

鸡肉窝蛋+西蓝花梨汁

省时妙招：

使用冷冻的鸡胸肉，需要提前一天晚上取出放在冰箱冷藏室，让其自然解冻，以节省时间。

鸡肉窝蛋

材料：鸡胸肉 1 块，鸡蛋 2 个。

调料：盐、黑胡椒粉、生抽、色拉油各少许。

做法：

❶ 鸡胸肉切小块，用盐、黑胡椒粉、生抽腌制 5 分钟。

❷ 鸡蛋打散，加少许盐，搅拌均匀备用。

❸ 锅中放少许油烧热，放入鸡胸肉炒至变色，有少许焦黄色。

❹ 在中间淋入蛋液，盖上盖子，小火 2 ～ 3 分钟，至蛋液凝固，出锅时再撒些黑胡椒粉。

好搭配，更加分

西蓝花梨汁

材料：西蓝花根 50 克，梨 1 个，柠檬 1/4 个，纯净水适量。

做法：西蓝花根洗净切块，焯熟；梨洗净去皮切块。将所有材料放入榨汁机中榨汁，加入纯净水调匀即可。

省时妙招：

日式酱油炒面用到的调料、配料品种较多，提前一天晚上把这些材料准备好。

日式酱油炒面

材料：意大利面 100 克，培根 30 克，鲜香菇 2 个，洋葱 50 克，胡萝卜 25 克，圆白菜丝 50 克，香葱 10 克，鸡蛋 1 个。

调料：盐、香菇粉各少许，蚝油 20 克，日本酱油 5 克，糖 5 克，色拉油适量，香油、黑胡椒粉各少许。

做法：

❶ 将蚝油、酱油、糖、香油、盐、黑胡椒粉混合均匀备用。

❷ 培根、香菇切片，洋葱、圆白菜、胡萝卜切丝，香葱切成小段。

❸ 取有一定深度的汤锅，烧开一锅水，煮好意大利面后捞出沥水备用。

❹ 平底锅滴少许油烧热，磕入鸡蛋后盖上盖子，以小火煎至蛋白凝固、蛋黄还是流动的即可。

❺ 盛出鸡蛋后，利用锅内剩余的油煎培根片。

❻ 放入香菇丝、洋葱丝、胡萝卜丝转大火翻炒，再放入圆白菜丝，快速翻炒 15 秒左右。

❼ 放入煮好沥干的意大利面，淋入做法 ❶ 调好的酱料，翻炒均匀撒香菇粉出锅。

好搭配，更加分

苹果玉米沙拉

材料：苹果、香梨、甜玉米粒、圣女果各 50 克，沙拉酱适量。

做法：苹果、香梨分别洗净，去皮，切小块；圣女果洗净，对半切开；甜玉米粒用水煮熟，控干水分。将所有材料放入盘中，淋入沙拉酱拌匀即可。

省时妙招：

荞麦面条不易煮熟，提前一天晚上用清水浸泡，第二天煮 5 分钟就熟了。

鹌鹑蛋荞麦面

材料：荞麦面条 100 克，甜玉米粒、豌豆各 20 克，青椒、红椒各 20 克，熟鹌鹑蛋 2 个，香菜 10 克。

调料：芝麻酱、香菇酱各适量。

做法：

❶ 荞麦面条煮熟，捞出冲温水沥干备用；甜玉米粒、豌豆煮熟。

❷ 青椒、红椒洗净切粒；香菜洗净，切碎。

❸ 将芝麻酱和香菇酱混匀成拌酱，淋入荞麦面中，拌匀；再放入玉米粒、青豆、青椒粒、红椒粒、香菜拌匀，放入鹌鹑蛋即可。

好搭配，更加分

西柚鸡肉沙拉

材料：西柚 1 个，熟鸡胸肉 100 克，白煮蛋 1 个，芝麻菜少许。

调料：油醋汁适量，盐少许。

做法：西柚肉撕开，熟鸡胸肉撕成丝，白煮蛋去壳对半切开，芝麻菜洗净，撕成小块，所有材料放入盘中淋入油醋汁，加入盐调味，拌匀即可。

周日早餐

南瓜椒盐发面饼+虾仁豆腐汤

省时妙招：

周末的早上不用太赶时间，可以先把南瓜面团准备好，放在温暖处发酵，再处理和准备其他食材。

南瓜椒盐发面饼

材料：南瓜 200 克，面粉 200 克，酵母 5 克。

调料：椒盐 5 克，色拉油适量。

做法：

❶ 将南瓜去皮，切块蒸熟碾成泥。

❷ 将南瓜泥、面粉、酵母混合均匀，发酵至体积两倍大。

❸ 面团揉匀后擀成薄片，抹上薄薄的一层油，撒上一层椒盐，卷起来，分切成三份，然后将每一份团成圆饼形，稍稍饧发一下。

❹ 平底锅烧热，抹一层油烧热，放入面饼，烙至两面金黄即可。

好搭配，更加分

虾仁豆腐汤

材料：虾仁 5 只，豆腐 100 克，西蓝花 50 克，姜丝 5 克。

调料：盐、香油、色拉油各少许。

做法：豆腐切块，西蓝花掰小朵，洗净；虾仁处理干净。锅中放入少许油，放入姜丝炒香，放入西蓝花翻炒均匀，再放入虾仁、豆腐，倒入适量水煮沸，加入盐、香油调味即可。

贫血人群早餐搭配要点

适量吃些肉类

贫血人群早餐宜吃些肉类，但应以脂肪少、品质高的肉为主。鸡胸肉是鸡肉中蛋白质含量较高的部位，但脂肪含量并不高，易被人体吸收利用，有强身健体的作用。

吃富含维生素 C 的食物

柑橘类水果、猕猴桃、草莓和青椒，这些食物与含铁的食物一起吃时，会促进肠道对铁的吸收。

少喝茶和咖啡

茶和咖啡会抑制铁的吸收，可以多喝橙汁或葡萄汁、柚子汁等。

多吃富含铁质的食物

贫血患者多为缺铁性贫血，所以要多吃富含铁质的食物，比如瘦肉、动物肝脏、豆制品、蛋黄、奶制品、绿叶蔬菜、深红色水果、海带、大枣等。

多吃补气、补血食物

天然的红色食品有助于补血，红枣可以说是补血食物的代表之一。红枣味甘，归脾胃经，养护肝脏，有很好的滋养血脉的功效，对于贫血、面白、气血不正等都有很好的调养作用。

莲藕也是健脾胃、养血的养生食物。藕性温和，鲜藕止血，熟藕补血。用莲藕煮粥、煲汤都非常好。

胡萝卜味甘、辛、性平，入脾胃和肺经，是补血和改善肾虚的上好食物。胡萝卜含有丰富的维生素以及铁元素和胡萝卜素，除补铁外，丰富的维生素又能促进铁元素的吸收和利用。

一周早餐搭配方案

周一早餐	老北京门钉肉饼 + 胡萝卜瘦肉汤
周二早餐	紫米粢饭团 + 酸梅藕片
周三早餐	烤鸡肉三明治 + 花生苹果酸奶
周四早餐	金枪鱼三明治 + 蔬菜沙拉
周五早餐	紫薯发糕 + 番茄玉米猪肝汤
周六早餐	奶酪烘蛋 + 卤猪肝拌黄瓜
周日早餐	鸡腿贝果三明治 + 冰糖红枣粥

一周早餐需要准备的食材

蔬果	胡萝卜，生菜，圣女果，青椒，紫薯，花生米，苹果，酸黄瓜，番茄，玉米，生菜，黄瓜，藕
禽肉蛋	牛肉末，鸡腿，鸡胸肉，肉松，咸蛋黄，鸡蛋，猪瘦肉，卤猪肝（熟）
海产品	金枪鱼罐头
调料	黄酱，黄芥末酱，沙拉酱，胡椒粉，黑胡椒碎，酸梅酱，冰糖，日式酱油，青芥末
乳制品、豆类	奶酪片，酸奶
其他	紫米，干酵母，榨菜，核桃，葡萄干，红枣，话梅

周一早餐

老北京门钉肉饼+胡萝卜瘦肉汤

省时妙招：

老北京门钉肉饼做起来比较烦琐，需要提前做好，早上用平底锅或烤箱加热食用。将胡萝卜瘦肉汤提前做好。

老北京门钉肉饼

材料：高筋面粉 200 克，牛肉末 200 克，大葱 100 克，鸡蛋 1 个。

调料：酱油 20 毫升，黄酱 10 克，姜粉 5 克，盐 5 克，色拉油适量。

做法：

❶ 将高筋面粉加入 2 克盐和适量温水揉成光滑柔软的面团。

❷ 将面团盖上保鲜膜，放在温暖的地方饧发 30 分钟。

❸ 牛肉末中加入酱油、色拉油、黄酱、姜粉和剩余的盐，打入鸡蛋液。

❹ 大葱切碎，放入肉馅里，用筷子朝着一个方向将馅料搅打上劲。

❺ 饧发好的面团分成若干个大小一致的小面团，擀成中间厚四周薄的面皮。

❻ 面皮放在手上，取一些馅料放在中央，用虎口处慢慢将面皮收紧。

❼ 面皮完全包住馅料后，收口朝下摆好，直到所有面饼都做好。

❽ 平底锅底部刷油，将肉饼收口朝下放入锅中，用锅铲轻轻压扁。

❾ 保持小火，一面烙 3 分钟，翻面再烙 3 分钟，肉饼鼓胀说明熟了。

❿ 待肉饼两面烙到金黄焦脆即可盛出装盘。

好搭配，更加分

胡萝卜瘦肉汤

材料：猪瘦肉 200 克，胡萝卜 100 克，姜片 10 克。

调料：盐少许。

做法：将猪瘦肉切块，胡萝卜洗净切块，一同放入砂锅中，加入适量水大火煮沸，再转小火煲 1 小时。需要在前一天晚上做好，吃的时候再放盐调味。

周二早餐

紫米粢饭团+酸梅藕片

省时妙招：

制作紫米粢饭团的米饭要提前做好，紫米、糯米浸泡 4 小时以上，放入电饭煲选择煮饭程序，饭煮好后，不用盛出来，第二天早上直接做饭团。酸梅藕片做好放入密封罐。

紫米粢饭团

材料： 糯米 80 克，紫米 80 克，油条 1 根，肉松 30 克，咸蛋黄 2 个，榨菜少许。

做法：

❶ 糯米、紫米分别淘洗干净，泡软，放入电饭煲，选择煮饭程序。

❷ 饭熟后，放凉盛出；油条切成两段；榨菜剁碎；咸蛋黄碾碎。

❸ 寿司帘上铺上保鲜膜，将紫米饭平铺。

❹ 依次放上油条、咸蛋黄、榨菜后卷起，卷紧即可。

好搭配，更加分

酸梅藕片

材料： 藕 200 克。

调料： 话梅 5 个，酸梅酱 1 大匙。

做法：

1. 藕洗净，去皮切薄片。烧一锅水煮沸，放入藕片汆烫至透明色，捞出后冲凉水，沥干。

2. 酸梅取肉，切碎，和酸梅酱一起放入藕片中，腌制一晚。

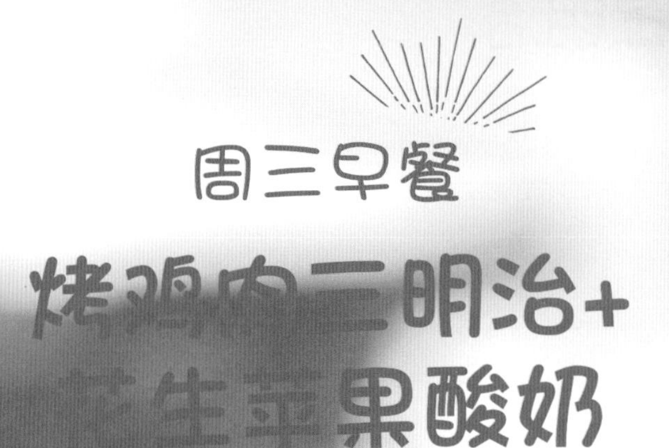

周三早餐

烤鸡肉三明治+花生苹果酸奶

省时妙招：

鸡胸肉提前一天晚上切好进行腌制，早上取出稍回温后烤制。

烤鸡肉三明治

材料： 吐司 3 片，鸡胸肉 100 克，生菜适量，奶酪 1 片，黄芥末酱适量。

调料： 生抽 10 克，花椒粉 3 克，盐 2 克，料酒 10 克，香油少许。

做法：

❶ 鸡胸肉切成 2 片，放入容器中，加入生抽、花椒粉、盐、料酒、香油拌匀，腌制过夜。第二天取出鸡胸肉片，准备烤制。

❷ 烤盘上铺上锡纸，锡纸上刷一层薄油，放入鸡胸肉片。

❸ 烤箱预热至 200 度，放入烤盘，上下火 200 度，烤 10 分钟后，取出烤盘，将鸡胸肉翻面，继续烤 5 分钟后取出。

❹ 生菜洗净，沥干，切成细丝。

❺ 取 1 片吐司放入 1 片鸡胸肉和切好的生菜丝，淋上黄芥末酱，继续放第 2 片吐司，顺序摆上另一片鸡胸肉和奶酪，继续放上第 3 片吐司，压紧。

❻ 切去四边后用保鲜膜包紧即可。

好搭配，更加分

花生苹果酸奶

材料： 熟花生米 50 克，苹果 100 克，酸奶 200 克。

做法： 把熟花生米放入保鲜袋，用擀面杖将花生擀碎。苹果洗净，切小块，放入酸奶中。最后将花生碎撒入酸奶中搅拌均匀即可。

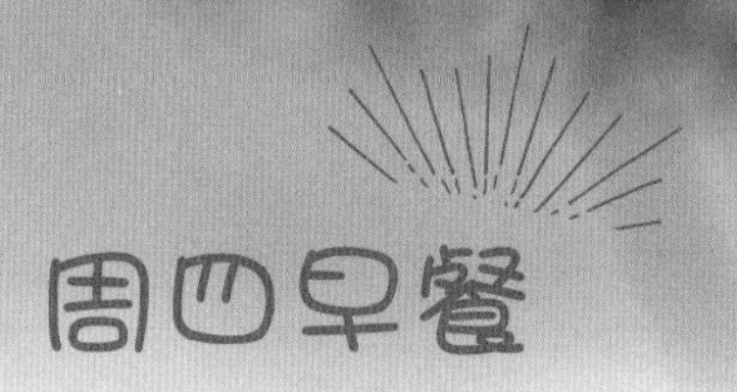

周四早餐

金枪鱼三明治+蔬菜沙拉

省时妙招：

平时做吐司时可以多做几个，吃不了的放在冰箱冷冻起来。如果第二天要吃吐司的话，提前把吐司从冷冻室取出，室温回温，第二天吃起来依旧美味。

金枪鱼三明治

材料：吐司 2 片，金枪鱼肉 50 克（罐头），酸黄瓜 30 克，奶酪片 1 片。

调料：沙拉酱、胡椒粉各适量。

做法：

❶ 将酸黄瓜切碎，撒少许胡椒粉、盐拌匀。

❷ 将吐司铺平，抹一层沙拉酱，铺一层金枪鱼肉，撒上酸黄瓜碎，再放上奶酪片，将另一片吐司放上稍压紧，对角切开。

好搭配，更加分

蔬菜沙拉

材料：青椒半个，圣女果 5 ～ 6 个，生菜 2 ～ 3 片。

调料：盐少许，油醋汁适量。

做法：青椒洗净切条；圣女果洗净对半切开；生菜洗净，撕成小块。处理好的食材全部放入容器中，撒盐，淋油醋汁拌匀。

周五早餐

紫薯发糕+番茄玉米猪肝汤

省时妙招：

紫薯发糕最好提前一晚做出来，室温或冰箱冷藏保存。

紫薯发糕

材料： 紫薯200克，面粉250克，细砂糖25克，干酵母4克，红枣、核桃、葡萄干各适量。

做法：

❶ 紫薯洗净，上锅蒸至熟透，去皮后碾成泥，加糖拌匀。

❷ 紫薯泥晾凉后拨到盆子一边，流出的空间倒入干酵母，用温水溶化，然后跟紫薯泥拌匀。

❸ 筛入面粉，先略微拌一下，然后慢慢加水搅匀。

❹ 模具（尺寸20厘米 ×14厘米 ×8.5厘米）四周围上一圈油纸，倒入紫薯面糊，温暖处发酵至3倍大。

❺ 摆上红枣（洗净去核）、核桃、葡萄干。

❻ 冷水上锅，大火烧开后转中火蒸25分钟，关火后闷5分钟。

❼ 取出待稍凉后连油纸一起取出，小心地撕去周围油纸，放在烤架上晾凉后切块食用。

好搭配，更加分

番茄玉米猪肝汤

材料： 番茄半个，玉米半根，猪肝100克，姜片10克。

调料： 盐少许。

做法： 番茄洗净切块，玉米剁成块，猪肝切片，放入生抽、油腌制5分钟。锅中放入适量水，放入姜片、番茄块、玉米块，大火煮沸，转小火煮5分钟，再改成大火煮沸，放入腌制好的猪肝片，大火煮沸，下盐调味，熄火。

周六早餐

奶酪烘蛋+卤猪肝拌黄瓜

省时妙招：

提前一天晚上把菜花、西蓝花处理好，洗净，控干，再用厨房纸巾擦干水分。

奶酪烘蛋

材料： 圣女果5颗，吐司2片，鸡蛋1个，牛奶50克，奶酪片1片。

调料： 盐、黑胡椒碎各少许。

做法：

❶ 圣女果洗净，切片；吐司切丁，与圣女果一起放入烤碗中。

❷ 烤箱180℃预热5分钟。

❸ 将鸡蛋打散，倒入牛奶混合均匀，缓缓倒入烤碗中。

❹ 铺上奶酪片，包上锡箔纸，以180℃烤约15分钟即可。

好搭配，更加分

卤猪肝拌黄瓜

材料： 黄瓜1根，卤猪肝200克（熟），姜10克。

调料： 蚝油10克，黄酱10克。

做法： 黄瓜洗净切丝，铺在盘中。卤猪肝切丝，码放在黄瓜丝上。姜切粒。锅烧热，放入姜粒爆香，再放入黄酱、蚝油、少许水、稍煮成汁，淋在盘中，吃时拌匀。

鸡腿贝果三明治+冰糖红枣粥

省时妙招：

鸡腿肉最好提前一天晚上放入腌料腌制一晚，第二天吃起来会更加入味。

鸡腿贝果三明治

材料：鸡腿 1 个，贝果 1 个，生菜叶 2 片。

调料：料酒、生抽各 2 大匙，黑胡椒、黄芥末酱各少许，色拉油适量。

做法：

❶ 鸡腿去骨，把剔下的肉拍松，放入大碗中，放入料酒、生抽、黑胡椒粉腌制 5 分钟。

❷ 平底锅放油烧热，鸡腿肉两面煎熟，取出放入垫有吸油纸的盘中，吸去多余油脂后切条。

❸ 生菜叶洗净，擦干；贝果切开。

❹ 将鸡腿肉和生菜叶放在贝果上，挤上适量黄芥末酱即可。

好搭配，更加分

冰糖红枣粥

材料：大米 50 克，红枣 5 ～ 6 个，冰糖适量。

做法：红枣洗净，去核；大米淘洗干净。锅中加入适量水煮沸，放入大米和红枣大火煮沸，再改小火煮 20 分钟，放入冰糖，煮至溶化即可。

附录 早餐必备小菜

果脯冬瓜

材料：冬瓜 200 克，果脯 20 克，鲜橙汁 50 克。

调料：白糖 15 克。

做法：

❶ 冬瓜去皮去瓤，切条；果脯切碎。

❷ 锅中放入适量水煮开，放入冬瓜条煮至透明后捞出，沥干。

❸ 把冬瓜条放入容器中，淋入鲜橙汁，再放入果脯肉碎、白糖，腌渍入味即可。

炝拌绿豆芽

材料：绿豆芽 200 克，尖椒 2 根，胡萝卜半根，黄瓜半根。

调料：干辣椒 1 根，蒜末适量，花椒粒少许，醋、生抽、盐、白糖、色拉油各适量。

做法：

❶ 全部材料洗净，黄瓜、尖椒、胡萝卜分别切丝；将绿豆芽、胡萝卜丝分别汆烫，沥干。

❷ 将绿豆芽、胡萝卜丝、黄瓜丝、尖椒丝放入容器中，加入蒜末、盐、白糖、生抽、醋拌匀。

❸ 锅中热油，放入花椒粒和干辣椒爆香，熄火，将辣油浇在容器中，拌匀即可。

芥末墩

材料：大白菜 500 克。

调料：芥末粉 50 克，醋少许，盐、白糖各适量。

做法：

❶ 大白菜洗净，切成 4 厘米长的段。

❷ 将切好的白菜段聚拢码放整齐，形成圆柱形的墩。

❸ 锅中加入适量水煮沸，放入白菜墩焯烫 3 分钟，晾凉装盘。

❹ 将芥末粉放在小碗中，用少许开水调成糊状。

❺ 盖上盖子闷 10 分钟，加入盐、白糖、醋调匀。

❻ 将芥末汁浇在白菜墩上，上面扣一个容器在室温下过一夜，第二天即可食用。

麻辣花生

材料：生花生米 200 克。

调料：盐 1 茶匙，五香粉 1 茶匙，色拉油 1 汤匙，干辣椒 50 克，花椒 5 克。

做法：

❶ 锅中放入盐、五香粉、部分花椒和干辣椒加适量水煮开，放入花生米煮 5 分钟，关火，泡 1 小时后捞出花生米，沥干水分，倒在干布上，搓掉外皮。

❷ 炒锅置于中火上，倒入油，冷油放入花生米，快速翻炒，加入剩余的干辣椒和花椒，炒 1 分钟。当花生米开始变黄色，立即关火铲出，放凉即可食用。

爽口脆萝卜

材料：白萝卜 200 克，小米辣 2～3 个，姜丝 5 克。

调料：米醋 30 克，白糖 10 克，盐 10 克。

做法：

❶ 白萝卜洗净去皮，切细丝，撒入盐拌匀，腌制 30 分钟，去辛味。

❷ 腌好的萝卜丝冲水后控干，放入切粒的小米辣、米醋、白糖拌匀，腌渍入味即可。

豆瓣酱烤杏鲍菇

材料：杏鲍菇 2 个，青蒜 1 根。

调料：郫县豆瓣酱 10 克，生抽 5 克，白糖 5 克，色拉油 15 克。

做法：

❶ 杏鲍菇切 5 毫米厚的片，青蒜斜切成段。

❷ 郫县豆瓣酱切碎，和所有调料放在一起调成汁。

❸ 烤盘铺锡纸，刷油，把杏鲍菇片平铺在烤盘上，倒入调好的汁，放入已预热好的烤箱中层，200℃上下火，烤 15 分钟后取出烤盘，撒上青蒜段，放入烤箱继续烤 3 分钟，取出即可。

凉拌笋块

材料：春笋（或冬笋）200 克，香菜叶少许。

调料：盐、香油各适量。

做法：春笋去硬皮后切块，入沸水锅中煮 2 分钟，捞出沥干，放入容器，撒少许盐腌渍片刻；香菜叶洗净，切碎。笋块中加入香油、香菜碎拌匀即可。

金钩芹菜

材料：海米 25 克，芹菜 150 克，水发海带 50 克，熟火腿 25 克。

调料：盐、白糖、香油各适量。

做法：

❶ 将海米用温水泡发；芹菜去老叶，洗净，切成长段；水发海带洗净，切丝；熟火腿切细丝。

❷ 锅内放适量水和少许盐，用旺火烧沸，分别汆烫芹菜段、海带丝。

❸ 将芹菜段、火腿丝、海带丝、海米装盘，放入盐、白糖、香油拌匀即可。

香卤猪肚

材料：猪肚 500 克。

卤料：姜、陈皮、肉豆蔻、小茴香、桂皮、八角
芷、花椒、丁香、甘草各 5 克。

调料：老抽、糖、盐各 1/2 茶匙，生抽、料酒
茶匙。

做法：

❶ 猪肚洗净，放入冷水锅中煮沸捞出，用清水冲

❷ 各种卤料做成卤料包，锅内放水烧开，放入全
味料和卤料包，用大火烧开。

❸ 把猪肚放入烧开的卤水锅中，烧滚后转小火煮
钟后熄火闷几个小时以入味。

双椒拌海带

材料：海带丝 50 克，青椒、红椒各 20 克，熟白芝麻 10 克，姜末 5 克。

调料：盐、香油各 1/2 茶匙，酱油、白糖各 1 茶匙，醋 2 茶匙。

做法：

❶ 海带丝用水发好洗净；将青椒、红椒去蒂及籽，洗净，切成块，将以上食材分别放入开水中焯一下，捞出过凉，沥干水分。

❷ 取一小盘，倒入海带丝，青红椒块，放入姜末、盐、酱油、醋、白糖、香油搅拌均匀，再盛入盘中，撒入熟白芝麻即可。

凉拌萝卜缨

材料：萝卜缨 200 克，蒜末 10 克。

调料：酱油、醋、辣椒油、香油各 2 茶匙，芝麻酱 2 茶匙，盐少许。

做法：

❶ 萝卜缨洗净，用开水焯一下；再用盐腌 1 小时，沥出水分，切成段装盘。

❷ 把酱油、醋、香油、蒜末、芝麻酱调成汁，浇在萝卜缨上拌匀，再淋辣椒油即可。

红薯饼

材料：红薯 300 克，面粉 50 克。

调料：白糖适量。

做法：

❶ 红薯洗净，去皮，切小丁。

❷ 红薯丁加适量面粉，面粉不要太多，刚好能包裹住红薯丁。

❸ 加少量清水和白糖，用筷子搅拌均匀。

❹ 锅内热油，盛一勺红薯丁糊，倒入锅中，整形成小饼状。

❺ 小火煎至定型后翻面，煎至两面金黄即可。

核桃牛肉拌菠菜

材料： 酱牛肉100克，核桃仁30克，菠菜80克。

调料： 盐、香油各少许。

做法：

❶ 酱牛肉切丁，核桃仁、菠菜分别洗净。

❷ 锅中放入适量水煮沸，放入核桃仁煮2分钟取出；再放入菠菜煮1分钟捞出。

❸ 菠菜用凉开水冲洗后沥干，切段。

❹ 把酱牛肉丁、核桃仁、菠菜段放入盘中，撒盐，淋香油，拌匀即可。

鸡丝粉皮

材料： 鸡胸肉1块，绿豆粉皮150克，蛋清1个，姜末、蒜末各15克，香菜10克。

调料： 生抽10克，水淀粉10克，盐、香油各少许。

做法：

❶ 绿豆粉皮切条，煮1分钟后冲水沥干。

❷ 鸡胸肉洗净，切丝，煮熟备用。

❸ 把蒜末、姜末、盐、生抽、香油放入小碗中调成味汁；香菜洗净，切碎。

❹ 把绿豆粉皮条放入盘中，再放上鸡丝，淋入味汁，撒上香菜碎拌匀即可。